有限要素解析プログラム
CRISP 計 算 例

編著　赤石 勝（東海大学名誉教授，新日本開発工業(株) 顧問）

共著　向後隆道（(株)ミカミ・アイエヌジー　顧問）
　　　白子博明（(株)CPC　取締役）
　　　前田浩之助（新日本開発工業(株) 社長）
　　　仲俣 浩（新日本開発工業(株) 専務）
　　　杉山太宏（東海大学　教授）
　　　飯沼孝一（(株)オオバ　専門課長）
　　　岩田尚親（開発虎ノ門コンサルタント(株)　課長代理）
　　　今井誉人（小野田ケミコ(株)　主査）
　　　吉富隆弘（東海大学大学院）
　　　池谷真希（東海大学大学院）
　　　Hong Pisith（東海大学大学院）

本書に掲載された製品名、会社名などは一般に各社の商標または、登録商標です。

まえがき

　有限要素圧密解析の初心者が，複雑・不均質な自然地盤への対応に苦慮し，弾塑性構成式の有用性を十分に理解出来ず実務に利用する場合，精緻な構成式もその実力を十分に発揮できない。また，販売・利用されている有限要素圧密解析プログラムの計算結果は必ずしも実際の軟弱地盤の挙動と一致しない。(社)地盤工学会のFEMの設計への適用に関する研究委員会報告では，軟弱地盤地盤上の道路盛土に関する研究者の沈下量予測おいて，実際とは，かなり異なる現状である[1]。計算結果の違いは構成式によるのか，FEプログラムによるのか明らかでない。実務に利用する場合，一定・共通条件下で計算したら，どのプログラムでも同じ計算結果を得られる必要がある。購入したプログラムのソースコードが公開・解説されていない限り，計算結果に疑問を感じても入力データミスを再検討するしか術がない。

　著者の一人は，ケンブリッジ大学のBrittoらの開発した有限要素圧密解析プログラム"CRISP"を卒研生や院生に利用させてきた。しかし，学生たちの評価は"入出力が不便で使いにくい"であった[2]。しかし，Brittoらの本には全ソースコードの解説されており，FEMとカムクレイという古典的弾塑性粘土モデルの批判的学習は，学生に役立つと考えていた。また，実務家にとって施主が精緻な構成式によるFE解析を期待していない場合，CRISPのようなプログラムにも，まだ活躍の場はあると考え，弾塑性FE解析初心者に対する学習資料として計算例を取りまとめた。問題によってはFEMでなく，差分法などの簡単な数値計算でも十分と考えられる場合があるので，Excel VBAによる計算結果との比較も示した。しかし，CRISPには，利用上，著者らが理解・納得できない点もある。本書の不明点や誤りをご指摘・連絡いただければ，著者らで今後も継続検討し，利用例のデータファイルを充実させていく予定である。古いCRISPは利用しにくいという意見を考慮し，入力データとその作成法を計算例のデータファイルとともに著者の一人（向後隆道）のHPからダウンロード可能とした。弾塑性構成式と有限要素解析プログラムの利用上の注意点や問題点の理解に本書が少しでも役立てば幸いである。

目 次

まえがき　　iii

1. 弾塑性応力ひずみ関係 ··· 1
1.1　降伏関数 F と塑性ポテンシャル Q　　1
1.2　弾塑性応力ひずみマトリックス　　2
1.3　三軸供試体の弾塑性応力ひずみ関係　　3
1.4　弾塑性モデルと静止土圧係数 K_0 値　　3
1.5　粘塑性流動則と K_0 圧縮　　5

2. 一次元排水圧縮試験 ··· 7
2.1　土質定数の設定　　7
2.2　弾性土の計算例　**Cri 2A.dat**　　7
2.3　弾塑性土（カムクレイ）の計算例　　8
2.4　CamBiot3D.f の計算例[8]　　9
2.5　Excel VBA"CDHK0.xlsm" の計算例　　10

3. 三軸圧縮試験 ··· 11
3.1　三軸圧縮試験の要素図　　12
3.2　K_0 圧縮応力増分によるひずみ増分　**Cri3A.dat**　　12
3.3　応力制御で軸応力のみ増加の三軸圧縮 CD 試験　　13
3.4　三軸圧縮 CU 試験と非排水経路　　13

4. 圧密試験 ·· 15
4.1　圧密度と時間係数　**Cri4A.dat**　15
4.2　一次元圧密と等方圧密　**Cri4B.dat**　　16
4.3　CRISP の土質定数　**Cri4C.dat**　　17
4.4　弾塑性及び弾粘塑性有限要素一次元圧密解析　**Cri4D.dat　Cri TDL.dat**　　18
4.5　バーチカルドレーンの圧密　**Cri VD2x19.dat**　　21
4.6　三軸供試体の異方圧密　**Cri TriRDDC.dat**　　24

5. 平面ひずみ圧縮・圧密問題 ··· 27
5.1　排水圧縮と掘削　**Cri PSD 全 .dat, Cri PSD 局 .dat**　　27
5.2　平面ひずみ圧密解析　**PSC 全 .dat, Cri PSC 局 .dat**　　29
5.3　超軟弱地盤における道路盛土試験工事の事例解析　　29

6. クイックサンドの計算　**Cri 浸透 .dat** ······································· 33
6.1　一次元浸透水圧による有効応力変化　　33
6.2　二次元（平面ひずみ）浸透水圧による有効応力変化　　34

7. 孔内載荷試験の圧密効果　**Cri KC.dat** ······································· 37
7.1　調査・試験結果と土質定数　　37
7.2　孔内載荷試験と計算結果の比較　**CriKE1.dat**　37

参考文献　40
附録～ CRISP の入力データ作成支援～　　41

あとがき　45

1．弾塑性応力ひずみ関係

弾塑性応力ひずみ関係は，弾塑性剛性マトリックスD_{ep}と全ひずみ増分$d\varepsilon$（弾性ひずみ$d\varepsilon_e$と塑性ひずみ$d\varepsilon_p$の和）により，式（1.1）で表される。

$$d\sigma = D_{ep} * d_\varepsilon = D_{ep}(d\varepsilon_e + d\varepsilon_p) \qquad 式（1.1）$$

D_{ep}の誘導には，①塑性ひずみに関係する降伏関数 F，②塑性ひずみによる材料変化を示す硬化則，③塑性ひずみ成分を決定する流動則，塑性ポテンシャル Q などが使われる。D_eの計算には，弾性係数 E とポアソン比 v が必要である。

三軸供試体の弾塑性応力ひずみ関係の計算のみに限定するならば，簡単な数値積分でよく FEM を必要としないが，本章では FE 計算の理解に必要な粘土の弾塑性応力ひずみ関係について記述する。

1．1　降伏関数 F と塑性ポテンシャル Q

ケンブリッジ大学で開発された弾塑性粘土モデルのカムクレイは，関連流動則 $F=Q$ を採用している。オリジナルカムクレイ，修正カムクレイそして著者らが提案している降伏関数をそれぞれ式(1.2)〜(1.3)で表す[3),4)]。

$$F_o = q - Mp\ln(p_i/p) - \eta_i = 0 \qquad 式（1.2）$$
$$F_M = q^2 - M^2(p^2 - pp_i) = 0 \qquad 式（1.3）$$
$$F_p = q^2 - 2\gamma pq + \gamma^2 pp_i + N^2(p^2 - pp_i) = 0 \qquad 式（1.4）$$

ここに，$q(= \sigma_a - \sigma_r)$は偏差応力，$p(= \frac{\sigma_a + 2*\sigma_r}{3})$は平均有効応力，$\eta(=q/p)$は応力比，$p_i$は載荷前圧密時の平均有効応力，$M$は限界状態線 CSL の勾配，$\eta_i$は圧密時の応力比，$\gamma$は定数である。式(1.4)の$\gamma=0$，$N=M$とすれば，$F_p = F_M$ である。$N \leq M$とすれば軟化挙動を表現しうる。図 1.1 と図 1.2 にこれらの降伏面の一例を示した。

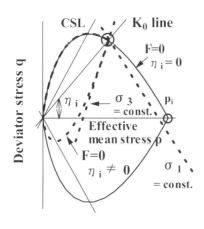

図 1.1　降伏面F_oの形状

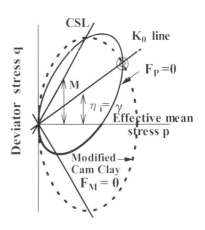

図 1.2　降伏面F_MとF_pの形状

式(1.2)の等方ならびにK_o圧密粘土の降伏面を実線と破線で示している。一次元圧密粘土の圧密降伏応力は，過去の圧密圧力の最大値，最大有効主応力σ_1である。σ_1一定線を図1.1に一点鎖線で示した。もう一つの一点鎖線は，過去の最大σ_3一定線である。一次元圧密粘土では，作用応力がσ_1を越えたら塑性ひずみが発生する。異方圧密粘土のσ_3が過去の最大値を越えても塑性ひずみが発生する可能性がある。オリジナルカムクレイモデルの降伏関数は，誘導時，積分定数決定時の圧密圧力でその形状，弾性挙動を示す応力空間が大きく変化し，圧密圧力の位置が特異点となってF_oの偏微分ができない。しかし，図1.2の降伏関数F_MとF_pには特異点がない[5]。

1．2 弾塑性応力ひずみマトリックス

平面ひずみ条件下の弾性ひずみ増分とその係数マトリックス$\underline{D_e}$は，式(1.5)で表される。

$$d\underline{\varepsilon_e} = \begin{bmatrix} d\varepsilon_x \\ d\varepsilon_y \\ d\gamma_{xy} \end{bmatrix} = \underline{D_e}^{-1} * d\underline{\sigma} \quad , \quad \underline{D_e} = \frac{E}{(1-\nu)(1-2\nu)} \begin{bmatrix} (1-\nu) & \nu & 0 \\ \nu & (1-\nu) & 0 \\ 0 & 0 & \frac{(1-2\nu)}{2} \end{bmatrix} \quad \text{式(1.5)}$$

ここに，Eは弾性係数，νはポアソン比である。

粘土が弾性挙動を示す応力空間が$F = (\sigma, v_p) = 0$である。一次元圧密試験の圧密降伏応力の増加と同様，異方圧密粘土も塑性体積ひずみに対応して降伏面が拡大する。また，塑性ひずみ増分は，式(1-6)の流動則により塑性ポテンシャルQの応力勾配に比例すると仮定される。全ひずみ増分と応力増分の関係は，式(1.7)で表わされる。

$$d\underline{\varepsilon_p} = \lambda \frac{\partial Q}{\partial \underline{\sigma}} \qquad \text{式(1.6)}$$

$$d\underline{\varepsilon} = \underline{D_e}^{-1} d\underline{\sigma} + \lambda \frac{\partial Q}{\partial \underline{\sigma}} \quad , \quad d\underline{\sigma} = \underline{D_e} d\underline{\varepsilon} - \underline{D_e} \lambda \frac{\partial Q}{\partial \underline{\sigma}} \qquad \text{式(1.7)}$$

式(1-7)の両辺に$\left(\partial F / \partial \underline{\sigma}\right)^T \underline{D_e}$を掛ける。

$$\left(\frac{\partial F}{\partial \underline{\sigma}}\right)^T \underline{D_e} d\underline{\varepsilon} = \left(\frac{\partial F}{\partial \underline{\sigma}}\right)^T d\underline{\sigma} + \left(\frac{\partial F}{\partial \underline{\sigma}}\right)^T \underline{D_e} \lambda \frac{\partial Q}{\partial \underline{\sigma}} \qquad \text{式(1.8)}$$

降伏関数Fを有効応力と塑性体積ひずみの関数と仮定し，$dF = 0$から

$$dF = 0 = \left(\frac{\partial F}{\partial \underline{\sigma}}\right)^T d\underline{\sigma} + \left(\frac{\partial F}{\partial v_p}\right)^T d = \left(\frac{\partial F}{\partial \underline{\sigma}}\right)^T d\underline{\sigma} + \left(\frac{\partial F}{\partial v_p}\right)^T \lambda \left(\frac{\partial Q}{\partial \underline{\sigma}}\right)$$

$$\left(\frac{\partial F}{\partial \underline{\sigma}}\right)^T d\underline{\sigma} = -\left(\frac{\partial F}{\partial v_p}\right)^T \lambda \left(\frac{\partial Q}{\partial \underline{\sigma}}\right) \qquad \text{式(1.9)}$$

式(1.9)を式(1.8)右辺の第一項に代入し式(1.10)を得る。

$$\lambda = \frac{\left(\frac{\partial F}{\partial \underline{\sigma}}\right)^T \underline{D_e} d\underline{\varepsilon}}{-\left(\frac{\partial F}{\partial v_p}\right)^T \left(\frac{\partial Q}{\partial \underline{\sigma}}\right) + \left(\frac{\partial F}{\partial \underline{\sigma}}\right)^T \underline{D_e} \left(\frac{\partial Q}{\partial \underline{\sigma}}\right)} \qquad \text{式(1.10)}$$

式(1.10)のλを式(1.6)に代入すれば，弾塑性応力ひずみマトリックス$\underline{D_{ep}}$が誘導される。

$$d\underline{\sigma}/d\underline{\varepsilon} = \underline{D_{ep}} = \underline{D_e} - \frac{\underline{D_e}\left(\frac{\partial Q}{\partial \underline{\sigma}}\right)\left(\frac{\partial F}{\partial \underline{\sigma}}\right)^T \underline{D_e}}{-\left(\frac{\partial F}{\partial \upsilon_p}\right)^T\left(\frac{\partial Q}{\partial \underline{\sigma}}\right) + \left(\frac{\partial F}{\partial \underline{\sigma}}\right)^T \underline{D_e}\left(\frac{\partial Q}{\partial \underline{\sigma}}\right)} \quad \text{式(1.11)}$$

１．３　三軸供試体の弾塑性応力ひずみ関係

軸方向ひずみε_a，半径方向ひずみε_rとし，体積ひずみ$\upsilon = \varepsilon_a + 2*\varepsilon_r$と偏差ひずみ$\varepsilon = 2(\varepsilon_a - \varepsilon_r)/3$を$p$と$q$で表現する。体積弾性係数$K$とせん断弾性係数$G$を用いて，弾性ひずみ成分は式(1.12)で表される。

$$\begin{bmatrix} \delta\upsilon_e \\ \delta\varepsilon_e \end{bmatrix} = \begin{bmatrix} 1/K & 0 \\ 0 & 1/3G \end{bmatrix}\begin{bmatrix} dp \\ dq \end{bmatrix} \qquad \begin{array}{l} d\upsilon_e = \dfrac{1}{K}dp \quad \text{ここに} \quad K = \dfrac{E}{3(1-2\nu)} \\[2mm] d\varepsilon_e = \dfrac{1}{3G}dq \quad \text{ここに} \quad G = \dfrac{E}{2(1+\nu)} \end{array} \quad \text{式(1.12)}$$

塑性ひずみ成分は，式（1.13）で表される。

$$d\upsilon_p = \lambda\frac{\partial Q}{\partial p} \quad , \quad d\varepsilon_p = \lambda\frac{\partial Q}{\partial q} \quad \text{式(1.13)}$$

$$dF = 0 = \frac{\partial F}{\partial p}dp + \frac{\partial F}{\partial q}dq + \frac{\partial F}{\partial \upsilon_p}d\upsilon_p \Rightarrow d\upsilon_p = -\left[\frac{\partial F}{\partial p}dp + \frac{\partial F}{\partial q}dq\right]/\left(\frac{\partial F}{\partial \upsilon^p}\right)$$

$$\lambda = \frac{1}{H}\left[\frac{\partial F}{\partial p}dp + \frac{\partial F}{\partial q}dq\right] \quad \text{ここに} \quad H = -\frac{\partial F}{\partial \upsilon_p}\frac{\partial Q}{\partial p}$$

λを関連流動則に代入し，ひずみ増分は式(1.14)で表される。

$$\begin{bmatrix} d\upsilon \\ d\varepsilon \end{bmatrix} = \begin{bmatrix} d\upsilon_e + d\upsilon_p \\ d\varepsilon_e + d\varepsilon_p \end{bmatrix} = \begin{bmatrix} C_{11} & C_{12} \\ C_{21} & C_{22} \end{bmatrix} * \begin{bmatrix} dp \\ dq \end{bmatrix} \qquad \begin{array}{l} C_{11} = \dfrac{1}{H}\dfrac{\partial F}{\partial p}\dfrac{\partial Q}{\partial p} + \dfrac{1}{K} \quad , \quad C_{12} = \dfrac{1}{H}\dfrac{\partial F}{\partial q}\dfrac{\partial Q}{\partial p} \\[2mm] C_{21} = \dfrac{1}{H}\dfrac{\partial F}{\partial p}\dfrac{\partial Q}{\partial q} \quad , \quad C_{22} = \dfrac{1}{H}\dfrac{\partial F}{\partial q}\dfrac{\partial Q}{\partial q} + \dfrac{1}{3G} \end{array}$$

式(1.14)

１．４　弾塑性モデルと静止土圧係数 K_0 値

応力ひずみ関係には一次元圧縮，K_0応力状態を表現できることが必要である。軸方向ひずみ増分$d\varepsilon_a$，半径方向ひずみ増分$d\varepsilon_r = 0$とすれば，$d\varepsilon(=2*d\varepsilon_a/3)/d\upsilon(=d\varepsilon_a)=2/3$ が K_0 条件である。

$$d\varepsilon/d\upsilon = 2/3 \quad \text{式(1.15)}$$

$$\frac{d\upsilon_p}{d\upsilon} = 1 - \kappa/\lambda = \Lambda \qquad d\upsilon_p = \frac{\lambda - \kappa}{f_0}\frac{dp}{p} \qquad d\upsilon = \frac{\lambda}{f_0}\frac{dp}{p} \qquad \text{式(1.16)}$$

オリジナルカムクレイの K_0 値：塑性ひずみ増分の比が，次の K_0 条件を満たす必要がある。K_0 値は，式(1.17)の η_0 から求められる。

$$d\varepsilon_p / d\upsilon_p = 1/(M - \eta_0) = 2/3 \quad \Rightarrow \quad \eta_0 = M - 1.5 \qquad 式(1.17)$$

Atkinson の K_0 値決定法を式(1.17)との比較のため要点のみ記述する[6]。

偏差ひずみ増分： $\delta\varepsilon = H\delta p + (FH + \dfrac{1}{3G})\delta q$

体積ひずみ増分： $\delta\upsilon = (\dfrac{H}{F} + \dfrac{1}{K})\delta p + H\delta q$

$$H = \frac{\lambda - \kappa}{(1+e)Mp} \qquad K = \frac{(1+e)p}{\kappa} \qquad G = K\frac{3(1-2\nu)}{2(1+\nu)} \qquad M = \frac{6\sin\phi}{3-\sin\phi}$$

$$\frac{1}{F}(= \frac{\delta\upsilon^p}{\delta\varepsilon^p}) = M - \eta$$

これらの関係を一次元圧縮条件に代入し，F の二次式(1.18)を得る。η_0 とから K_0 値を決定しうる。

$$M - \frac{1}{F} = \frac{(3 - 2/(KH)) - 2/F}{(2 - 1/(HG)) - 3F} \qquad 式(1.18)$$

$$\eta_0 \left(= \frac{q_0}{p_0}\right) = M - \frac{1}{F} = \frac{3(1-K_0)}{1+2K_0} \qquad 式(1.19)$$

Atkinson による K_0 値算定例(参考文献 6 の 107 頁の E3.2)：$\lambda=0.08$, $\kappa=0.05$, $M=0.94$, $\nu=0.25$ を用いて $1/F=0.66$ と $1/F=-1.62$ で $K_0=0.76$ であるが，ポアソン比 ν から求める弾性ひずみによる K_0 値(=$\nu/(1-\nu)$)=1/3 である。式(1.19)，塑性ひずみ増分による K_0 値は，$\eta_0 = M - 1.5 = -0.56$，$K_0=1.89$ である。参考文献 6)には弾性ひずみと塑性ひずみによる K_0 値の違いに関する説明はない。

修正カムクレイの K_0 値；修正カムクレイの塑性ポテンシャル Q_M と式(1.4)の $N=M$ とした Q_P は，

$$Q_M = q^2 - M^2(p^2 - pp_i) \qquad 式(1.20)$$
$$Q_p = q^2 - 2\gamma pq + \gamma^2 pp_i + M^2(p^2 - pp_i) \qquad 式(1.21)$$

Q_P の定数 $\gamma=0$ とすれば $Q_M = Q_P$ なので，式(1.21)を用いた塑性ひずみ比=2/3 の K_0 条件は，式(1.22)となり定数 γ に依存する。定数 $\gamma=0$ とすれば，修正カムクレイの K_0 値が式(1.23)から求められる。Atkinson による K_0 値算定例の定数を用いた修正カムクレイの K_0 値は，$\eta_0=0.27$, $K_0=0.77$ となる。

$$\frac{d\varepsilon_p}{d\upsilon_p} = \frac{2(\eta_0 - \gamma)}{M^2 - \eta^2} = \frac{2}{3} \quad \Rightarrow \quad \gamma = \left(\eta_0^2 + 3\eta_0 - M^2\right)/3 \qquad 式(1.22)$$

$$\eta_0^2 + 3\eta_0 - M^2 = 0 \qquad 式(1.23)$$

1．5　粘塑性流動則と K_0 圧縮

粘塑性ひずみ速度 $\dot{\varepsilon}_{vp}$ の粘塑性流動則は，式(1.24)で与えられる。粘塑性ひずみであるが，定常状態の解は塑性ひずみである[7]。

$$\dot{\varepsilon}_{vp} = \langle F(\sigma) \rangle \frac{\partial Q}{\partial \sigma} \qquad 式(1.24)$$

ここに，＜＞は $F>0$ の場合，関数 $F(\sigma)$ であり，$F\leqq0$ の場合，$F(\sigma)=0$ を意味する。

正規圧密粘土は，載荷増分により $F>0$ となるが，粘塑性ひずみの増加とともに F は減少する。F の正負は，粘塑性ひずみが発生するか否かに関係する。F の偏微分が不要なため，非関連流動則ならばオリジナルカムクレイモデルの特異点問題もない。ひずみ成分を決定する塑性ポテンシャル Q の応力勾配が，土の変形拘束条件と関係する。Q がひずみ成分に影響することを強調するため，K_0 圧縮（CD）計算で計算結果の K_0 値が仮定する Q に依存することを示す。

Atkinson による K_0 値算定例と同じ土質定数を採用するが，計算に不足する実測 K_0 値＝0.5，初期間隙比 e_0=1.5，載荷前鉛直有効応力 σ_{y0}=100(kPa) とする。K_0 値の再現計算なので，弾性ひずみの計算に用いるポアソン比 $\nu(=K_0/(1+K_0))$ は K_0 値から算定した。ただし，Atkinson の例題では ν=0.25 が使われており，弾性ひずみと塑性ひずみの K_0 値が異なることに留意する必要がある。また塑性ポテンシャル Q の定数 γ 値は，式(1.22)から求め γ=0.643 を採用する。鉛直ひずみ 0.001 を 20 回加えた場合の鉛直ならびに水平応力の計算結果が図 1.3 である。最終荷重段階の応力状態から計算したオリジナルならびに修正カムクレイモデルの K_0 値は，それぞれ 0.67 と 0.64 となり，初期設定 K_0 値(=0.5)より過大な値が計算される。カムクレイの塑性ポテンシャルでは K_0 値を再現できない。仮定する塑性ポテンシャルの不具合である。式(1.21)の塑性ポテンシャルの定数 γ=0.643 とすれば，初期設定 K_0 値=0.5 となることを図 1.3 から確認しうる。計算に用いた数値積分プログラム CDHK0 関連 1 .xlsm (圧密 C，排水 D，ひずみ制御 H で関連流動則の意)の記号説明や計算法の説明は，プログラム中に記述している。

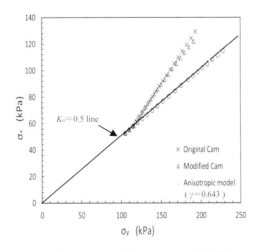

図 1.3　K_0 圧縮の有効応力経路

2．一次元排水圧縮試験

　一次元排水圧縮後の鉛直ひずみ量 ε_y (=v:体積ひずみ)と静止土圧係数 K_0 値の計算結果を調べる。多くの粘土の K_0 値は，載荷後も変わらない。計算された載荷後の K_0 値が，載荷前の初期応力として設定入力した値と変化する場合，利用した弾塑性応力ひずみ関係，図1.3に示すように塑性ポテンシャル Q に問題がある。

2．1　土質定数の設定

　載荷前鉛直有効応力 σ_{y0}(=100(kPa)≒1(kgf/cm^2))，初期体積比 f_0 (=1+e_0 : e=間隙比)=3.446 の正規圧密粘土供試体に対し，鉛直載荷重増分 $d\sigma_y$=100(kPa)の一次元圧密試験で鉛直圧縮ひずみ ε_y=0.1 が測定され，その後の除荷吸水膨張試験から圧縮指数 λ=0.5，κ=0.125 が得られたとする。K_0=0.5 を用い，ポアソン比 v= K_0/(1+ K_0)=1/3≒0.333 を採用する。三軸非排水せん断試験から得られたせん断抵抗角 φ=30° から限界状態線の勾配 M=6*sinφ / (3-sinϕ) = 1.2 を求める。

$$d\varepsilon_y = 0.1 = \frac{\lambda}{f_0}*\ln(\sigma_y/\sigma_{y0}) = \frac{\lambda}{3.466}*0.693 \qquad 式(2.1)$$

　σ_{y0}=100(kPa)と K_0=0.5 で載荷前平均有効応力 p_0=66.7(kPa) =(1+2* K_0) *σ_{y0} /3，偏差応力 q_0 =50=(1- K_0)* σ_{y0}，応力比 η_0 (= q_0 / p_0)=0.75 であり，下付き添え字 "0" は載荷前を意味する。一次元圧密試験から得られた体積圧縮係数 m_v =$d\varepsilon_y$ /$d\sigma_y$=0.1/100 より，弾性解析のヤング係数 E とせん断弾性係数 G=E/2/(1+v)＝250(kPa) を求める。

$$E = \frac{1}{m_v}*\frac{(1-2v)(1+v)}{1-v} = 666.7 \quad kPa \qquad 式(2.2)$$

　また，CRISP による弾塑性解析では，初期体積比 f_0 の代わりに p=1(kPa)の初期間隙比 Γ－1 と降伏面のサイズパラメータ p_c が必要である。また，3章以降の計算例でも原則としてこれらの土質定数を採用する。

修正カムクレイ(Cam Clay) ; Γ－1=4.306　　p_c =92.71 kPa＝p_0* [1+(η_0/M)^2]
オリジナルカムクレイ ; Γ－1=4.191　　p_c =124.7＝p_0*exp(η_0/M)

2．2　弾性土の計算例　　Cri 2A.dat

レコード M の等方弾性定数は，次のようになる。

表2.1　材料定数のセット（レコード M）

MAT	NTY	P(1)&(2)=E_v & E_h	P(3) &(4)= v_{hh} & v_{vh}	P(5)= G_{hv}	P(7)=α or γ_ω
1	1	666.7	0.333	250	0.

　排水圧縮の計算のため P(7)=0 である。非排水圧縮では間隙流体要素の体積弾性係数 α =100.，圧密解析では水の密度 γ_ω =10(kN/m^3)である。また異方弾性モデルの場合，E_v , E_h と

v_{hh}, v_{vh} の数値を変える必要がある。フックの法則から一次元圧縮における弾性鉛直ひずみは，FE 計算をしなくても

$$d\varepsilon_y = \frac{1}{E}\left[d\sigma_y - v(d\sigma_z + d\sigma_x)\right] = \frac{1}{666.7}\left[100 - \frac{1}{3}*(50+50)\right] = 0.1 \qquad 式(2.3)$$

であり，載荷後の土要素への作用応力は載荷後の K_0 値が変化しなければ，FE 計算でも σ_y=200(kPa)，σ_x (=σ_z)=100 (kPa) となる筈である。FE 計算の要素図を図 2.1 に示し，計算結果は表 2.2 にまとめた。

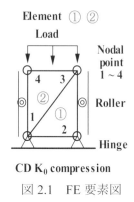

図 2.1　FE 要素図

表 2.2　弾性体モデルによる一次元排水圧縮計算結果

LS	p	q	S_y	S_x	E_y	E_x
10	.133E+03	.100E+03	.200E+03	.99E+02	-.100E+00	.524E-15≒0

$d\sigma_y$=100(kPa)を 10 等分して載荷し，最後の 10 段階(=LS)目を加えた後の p (＝平均有効応力)，q(＝偏差応力)，S_y (＝鉛直有効応力)，S_x (＝水平有効応力)，E_y (＝鉛直ひずみ)，E_x(＝水平ひずみ) が計算されていることを確認できる。排水一次元圧縮の Cri2A.dat を非排水にするには，レコード M の P(7)の定数 α＝100 に変更するだけである。その計算結果は，圧縮ひずみがほぼゼロで，有効応力は載荷前と同じで変化しない（表 2.3 参照）。

表 2.3　弾性体モデルによる一次元非排水圧縮計算結果（α＝100）

LS	p	q	S_y	S_x	E_y	E_x
10	.676E+02	.507E+02	.101E+03	.507E+02	-.147E-02	.103E-14≒0

2．3　弾塑性土（カムクレイ）の計算例

カムクレイと呼ばれる CRISP による弾塑性土モデルは，降伏関数の違いによりオリジナルカムクレイと修正カムクレイの二つである。レコード M の定数とその計算結果は次のようになる。

表 2.4 M レコード

MAT	NTY	P(1)=κ	P(2)=λ	P(3)=Γ-1	P(5)=M	P(6)=G_{hv}	P(7)=α or γ_ω	区分
1	3	0.125	0.5	3.325	1.2	250	0.	修正
1	4	0.125	0.5	3.120	1.2	250	0.	オリジナル

表 2.5 弾塑性土モデル（修正カムクレイ）による一次元排水圧縮計算結果

LS	p	q	S_y	S_x	E_y	K_0
10	.152E+03	.706E+02	.200E+03	.129E+02	-.110E+00	0.65

表 2.6 弾塑性土モデル（オリジナルカムクレイ）による一次元排水圧縮計算結果

LS	p	q	S_y	S_x	E_y	K_0
10	.179E+03	.302E+02	.200E+03	.169E+02	-.103E+00	0.85

カムクレイモデルでは，期待される圧縮ひずみ量の計算値が若干異なる。

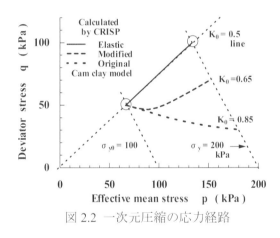

図 2.2 一次元圧縮の応力経路

図 2.2 は一次元圧縮時の応力経路である。圧縮前後で静止土圧係数 K_0 値は一定として計算しているが，カムクレイモデルの圧縮後の K_0 値は大きく増加する。弾塑性土モデルとして仮定する塑性ポテンシャルの不具合で，載荷後の静止土圧係数 K_0 値が過大になる。この結果は，弾塑性応力ひずみ関係として不具合であると考えられる。また，Cri 2A.dat 他の補足説明は，45 ページの「あとがき」に記したホームページからダウンロードできる。

2．4　CamBiot3D.f の計算例[8]

弾塑性応力ひずみ関係の計算では，静止土圧係数 K_0 値を再現しうることが必要である。載荷前の粘土地盤の水平方向応力は，K_0 値を用いて算定される。長期間の二次圧密で K_0 値が増加する一部の粘土を除き，一次元圧縮後の水平方向応力増分も K_0 値を用いて算定される筈であり FE プログラムのチェックになる。弾塑性応力ひずみ関係の K_0 値は，仮定する

塑性ポテンシャルに影響される。両者の関係を確認するため地盤工学会出版 FE プログラム CamBiot3D.f と CamBiot3DK0CD.in を用い，前節に記述した CRISP と同じ土質定数・条件で一次元圧縮試験の計算を実施した結果，表 2.7 に示したとおり，カムクレイはやはり過大な K_0 値を与える[8]。

表 2.7　CamBiot3D.f の計算結果

S_y	S_x	K_0	E_y	区分
200.0	100	0.5	0.1	弾性
226.0	179.9	0.8	0.108	カムクレイ

2．5　Excel VBA "CDHK0.xlsm" の計算例

　CRISP のカムクレイ（弾塑性）モデルを用いた一次元圧縮の FE 解析では，弾性体モデルと異なり，仮定する塑性ポテンシャルの不具合で計算されるひずみ量が正確でなく，圧縮後の水平方向有効応力は過大となった。そこで粘塑性流動則を用いた数値積分による一次元圧縮の計算で，静止土圧係数に影響する弾塑性モデルの塑性ポテンシャルの違いについて検討した結果を図 2.3 に示した。計算に用いたプログラム CDHK0 関連 2.xlsm は，入力データが異なるだけで 1 章の CDHK0 関連 1.xlsm と同じである。

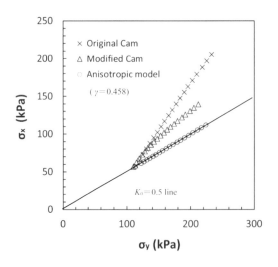

図 2.3　一次元圧縮の応力経路

　一次元圧縮ひずみ量 ε_y=0.005*20=0.1 の強制変位で，圧縮終了時の静止土圧係数は，オリジナルカムクレイ K_0=0.88 で，修正クレイカムクレイ K_0=0.66 との結果となった。
　著者らの提案する塑性ポテンシャルの定数 γ = 0.458 と設定し，K_0 = 0.5 となる。弾塑性土モデルでは，静止土圧状態を再現しうる塑性ポテンシャルの仮定の重要性が強調される。

3．三軸圧縮試験

　CRISPによる三軸CD試験の計算では，2章のK_0圧縮試験と同じ応力増分を加える圧密排水（CD）三軸圧縮条件下で，体積ひずみ増分と軸ひずみ増分を比較することを目的としている。載荷前K_0圧縮状態にある粘土供試体に対するK_0圧縮応力増分で，載荷後の体積ひずみ増分dvと軸ひずみ増分$d\varepsilon_y$が等しくなければ，応力ひずみ関係としては適当でない。

　排水三軸圧縮条件下のひずみ増分はCRISPでなくても容易に計算しうる。式(3.1)と(3.2)は，カムクレイモデルのそれぞれCD試験の体積ひずみ増分とCU試験の非排水経路である。FEMを利用しなくても両式から圧密排水量，せん断挙動が計算できるし，FEMの計算結果をチェックすることもできる。カムクレイモデルは，等方圧密された粘土供試体の三軸圧縮挙動を対象としているが，水平な地表面を有する地盤内の載荷前粘土はK_0圧縮状態である。等方圧密粘土とK_0密粘土の非排水せん断挙動は，かなり異なる。CU試験の非排水経路は，K_0圧縮応力状態からの載荷増分による挙動の計算例についてのみ記述する。非排水経路は，体積ひずみ増分をゼロとした場合のp，q関係であり，降伏関数に依存してその少し外側に位置する。排水圧縮と異なり塑性ポテンシャルは影響しない。降伏関数の仮定は，等方圧密粘土とK_0圧密粘土で異なると考えるのが合理的であり，等方圧密粘土の非排水せん断挙動による検証だけでは，そのモデル利用に関する実際が十分調べられたとは言えない。そこでK_0圧密粘土の非排水経路を式(3.3)で計算し，CRISPによる計算結果と比較した。式(3.3)は式(1.4)の降伏関数を用いて誘導している。

オリジナルカムクレイ
体積ひずみ増分　　　　　　　　　　　　非排水経路

$$dv = \frac{1}{1+e}\left(\frac{\lambda-\kappa}{M}d\eta + \lambda\frac{dp}{p}\right) \qquad \eta = \frac{M}{\Lambda}\ln(p_0/p) \qquad 式(3.1)$$

修正カムクレイ
体積ひずみ増分　　　　　　　　　　　　非排水経路

$$dv = \frac{1}{1+e}\left[(\lambda-\kappa)\frac{2\eta d\eta}{M^2+\eta^2} + \lambda\frac{dp}{p}\right] \qquad p = p_0 * \left(\frac{M^2}{M^2+\eta^2}\right)^{\Lambda} \qquad 式(3.2)$$

式(1.4)のF_pによるK_0圧密粘土の非排水経路

$$p = p_i * \left(\frac{N^2 - 2\gamma\eta_i + \eta_i^2}{N^2 - 2\gamma\eta + \eta^2}\right)^{\Lambda} \qquad 式(3.3)$$

ここに，p_0は等方圧密圧力，p_iは異方圧密時の平均有効応力とη_iは応力比，$\Lambda = 1-\kappa/\lambda$である。式(3.3)の$\gamma = \eta_i = 0$，$N=M$とすれば，その非排水経路は式(3.2)修正カムクレイと一致する。

3．1　三軸圧縮試験の要素図

CRISPによる三軸圧縮のFE計算に用いる要素図が図3.1である。

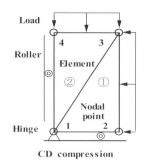

図3.1 三軸圧縮CD試験要素図

3．2　K_0圧縮応力増分によるひずみ増分　Cri3A.dat

前章と同じK_0圧密された粘土供試体の土質定数ならびに有効応力増分を再度要約する。載荷前有効応力 $\sigma_{y0}=100$, $\sigma_{x0}=50$ (kPa)で載荷重増分 $d\sigma_y=100$, $d\sigma_x=50$(kPa)なので一次元圧縮ひずみ(＝鉛直ひずみ $\varepsilon_y (=v)$)=0.1 で水平方向ひずみ $\varepsilon_x=0$ と計算される筈である。材料特性を示すレコードMは，表3.1のように設定する。P(7)の α は，排水で $\alpha=0$，非排水では $\alpha=100$ である。

表3.1　Mレコード

MAT	NTY	P(1)=κ	P(2)=λ	P(3)=Γ-1	P(5)=M	P(6)=G_{hv}	P(7)=α or γ_ω	区分
1	3	0.125	0.5	3.325	1.2	250	0./100	修正
1	4	0.125	0.5	3.120	1.2	250	0./100	オリジナル

三軸圧縮CD試験の弾性ならびに弾塑性モデルによる計算結果が図3.2，図中実線で示した弾性土モデルが期待した正確な計算結果である。破線と点線で示すようにカムクレイモデルの計算結果では，軸ひずみが過大に計算される。$K_0=0.5$から求めたポアソン比 $v=K_0/(1+K_0)=1/3$ を用いた弾性解析以外は，$d\varepsilon_y=dv$ とならない。カムクレイモデルが仮定する塑性ポテンシャルでは，$d\varepsilon_y>dv$ となることがよく知られている。実際より過大なせん断変形の予測に繋がることを意味する。

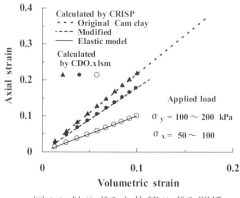

図3.2 軸ひずみと体積ひずみ関係

計算結果の再確認のため式(3.1)の数値積分，プログラム CDOP.xlsm による計算結果を図中に▲●○印で示した。CRISP と CDOP.xlsm による軸ひずみと体積ひずみの関係の計算結果は，図から明らかなようによく一致している。カムクレイの弾塑性モデルとしての塑性ポテンシャルの不具合が原因である。図 3.2 ○印は，著者らの提案する塑性ポテンシャルの定数 γ=0.458 とした数値積分による弾塑性モデルの計算結果であり，CRISP による弾性モデルによる弾性解と同じである。軸ひずみと体積ひずみの関係の計算結果の不具合は，弾塑性モデルとしての欠陥である。

３．３　応力制御で軸応力のみ増加の三軸圧縮 CD 試験

K_0 圧密後半径方向応力一定で軸応力 $d\sigma_y$＝10(kPa)を 10 回載荷する CD 試験では，5 回目の載荷で σ_y＝150，σ_x＝50(kPa)となり，応力は図 3.3 の大きな○印の限界状態線上になる。この計算は，Cri3A.dat の若干変更で実行しうる。応力が限界状態線 CSL を超えても載荷重増分 $d\sigma_y$＝10(kPa)を更に 5 回載荷している。CSL より上の応力は存在しない筈であり，図から明らかなように信頼できない計算結果となる。CSL 超えの応力は CSL 上に戻す必要がある。また，図中●印で示すように応力が CSL を超えると軸ひずみが負になる。たとえば，鵜飼らが開発した三次元有限要素プログラム CamBiot3D.f では，CSL 超えの応力は平均主応力一定で CSL に戻している。

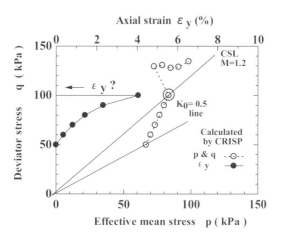

図 3.3　軸圧縮 CD 試験の応力経路と軸ひずみ

３．４　三軸圧縮 CU 試験と非排水経路

図 3.4 は三軸非排水圧縮試験の非排水経路である。弾性体としての非排水経路，×印は応力が CSL を超えても計算が継続される。CRISP の弾性体モデルには，CSL を超えた場合の対応が施されていない。また，修正カムクレイモデルのそれは，CSL を超えた応力を CSL に戻すような傾向が見出されるが，その対応も不十分である。CRISP による非排水経路は，応力が CSL に到達するまでカムクレイに対応することは図(3.4)から確認できるが，応力が CSL を超えた CRISP の計算結果は信頼できない。

UP.xlsm による式(3.1)〜(3.3)の計算結果が図 3.5 であり，カムクレイの場合は図 3.4 の

CRISPの計算結果と同じである。CDOP.xlsm(圧密C，排水D，応力制御O，塑性P)とUP.xlsm（非排水U，経路P）の計算法と記号説明は，プログラム中に記述している。

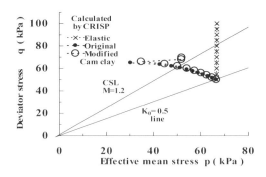

図3.4 非排水経路：CRISP

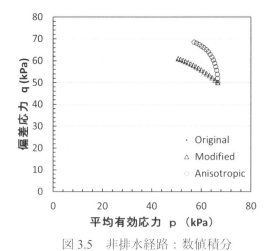

図3.5 非排水経路：数値積分

4．圧密試験

　一次元圧密解析にはTerzaghiの圧密方程式(4.1)が利用される。複雑な地層構成や漸増あるいは段階載荷などの数値計算では簡単な差分法が利用されてきたが，最近では有限要素法の連成解析の方が有用と考える傾向にある。陽的差分解法による圧密方程式は，式(4.2)，CRISPでは力の釣合方程式(4.3)と圧密方程式(4.4)を連立して解き，いわゆる連成圧密解析である[9]。4章ではCRISPと差分法の一次元圧密解析結果を比較する。

$$\frac{\partial u}{\partial t} = c_v \frac{\partial^2 u}{\partial y^2} \qquad 式(4.1)$$

$$u_{y,t+\Delta t} = u_{y,t} + M*(u_{y-\Delta y,t} - 2*u_{y,t} + u_{y+\Delta y,t}) \qquad 式(4.2)$$

ここに，uは過剰間隙水圧，tは経過時間，yは鉛直座標，c_vは圧密係数，uの下付き添え字のyとtは位置と時間を表す。また，$M = c_v * \Delta t / \Delta y^2 \leq 1/2$ である。

$$\boldsymbol{K} \cdot \Delta \boldsymbol{a} + \boldsymbol{L} \cdot \Delta \boldsymbol{b} = \Delta \boldsymbol{r_1} \qquad (力の釣合方程式) \qquad 式(4.3)$$

$$\boldsymbol{L}^T \cdot \Delta \boldsymbol{a} - \phi \cdot \Delta t \cdot \Delta \boldsymbol{b} = \Delta \boldsymbol{r_2} \qquad (圧密方程式) \qquad 式(4.4)$$

ここに，$\Delta \boldsymbol{a}$=未知変位量，$\Delta \boldsymbol{b}$=未知間隙水圧，$\boldsymbol{L} = \int \boldsymbol{B}^T \cdot \boldsymbol{m} \cdot \boldsymbol{N} \cdot d(vol)$，$\boldsymbol{N}$は間隙水圧の形状関数，$\phi = \int \boldsymbol{E}^T \cdot \boldsymbol{k} \cdot \boldsymbol{E} / \gamma_\omega \cdot d(vol)$，$\boldsymbol{K} = \int \boldsymbol{B}^T \cdot \boldsymbol{D} \cdot \boldsymbol{B} \cdot d(vol)$，$\Delta \boldsymbol{r_1}$は外力行列，△$\Delta \boldsymbol{r_2}$は透水境界から規定される外力に相当する行列，$\boldsymbol{k}$は透水性行列，$\boldsymbol{D}$は応力ひずみ行列，$\boldsymbol{m}$は単位行列であり，$d(vol)$は要素の体積積分を意味する。

4．1　圧密度と時間係数　Cri4A.dat

　標準圧密試験のような式(4.5)の境界・初期条件下の圧密度と時間係数の関係を計算する。図4.1が一次元ならびに等方及び異方圧密解析に用いた要素図である。前章と同じ土質定数を用い，最大排水距離はH=10(m)，透水係数はk=1.667*10^{-9} (m/sec)とした。

$$\left.\begin{array}{l} u\,(\,y=0\,,\ t>0\,) = 0 \\ u\,(\,H \geq y \geq 0,\ t=0\,) = dp = 載荷重増分 \\ \partial u / \partial y\,(\,y=H\,,\ t>0\,) = 0 \end{array}\right\} \qquad 式(4.5)$$

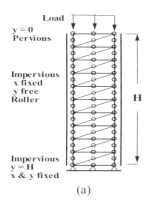
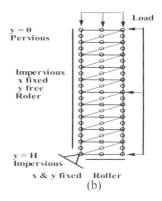

図4.1　要素図

このような条件下で解かれた Terzaghi の圧密方程式の厳密解や差分法の計算結果には，一次元圧縮に関する変形条件が含まれていない。圧密に伴う過剰間隙水圧の消散分から，鉛直有効応力と一次元圧縮ひずみが計算される。載荷重増分に等しい間隙水圧の発生を仮定するのでは，等方圧力増分の載荷と同じである。一次元圧密中に水平方向応力は減少し，偏差応力が増加することが知られている[10]。それらの知見が，一次元ならびに等方及び異方圧密解析にどの程度影響するのかを調べた一例を示す。弾性，オリジナルならびに修正カムクレイの3種類の土モデルによる一次元圧密解析の圧密度 U と時間係数 T_v の関係を図 4.2 に示した。図 4.2 の縦軸は圧密度であるが，カムクレイでは圧密沈下量が過大に計算され圧密度が1以上となる。〇印は Terzaghi の厳密解による $U \sim T_v$ 関係で，黒破線は参考のため記入した差分法による計算結果である。黒実線で示した弾性土モデルは，厳密解にほぼ一致しているが，カムクレイのそれには若干のズレが見出される。計算された最終圧密量で各圧密時間の圧密量を除して圧密度を"1"にしても，その食い違いがわかる。カムクレイを含め弾塑性モデルの多くは，圧縮指数 λ を使用した非線形応力ひずみ関係を採用しているが，図に示す $U \sim T_v$ 関係の計算結果は，いわゆる有効応力に関する圧密度 $U_\sigma \sim T_v$ 関係である。CRISP のカムクレイによる計算結果に応力ひずみ関係の非線形性は反映されていない。非線形応力ひずみ関係，すなわち，ひずみの圧密度 $U_\varepsilon \sim T_v$ 関係は，圧縮指数や初期間隙比そして作用荷重によって変わる。採用した土質定数と荷重の範囲で両圧密度 U_σ，$U_\varepsilon \sim T_v$ 関係を示すと図 4.3 のようになる。計算は UTv.xlsm による。破線で示すひずみの圧密度 $U_\varepsilon \sim T_v$ 関係は，計算に用いる非線形応力ひずみ関係によって実線の有効応力に関する圧密度 $U_\sigma \sim T_v$ 関係とさらに食い違うので，計算結果には留意する必要がある。また，FE 圧密解析に非線形性が反映されないならば，圧縮指数 λ でなく体積圧縮係数 m_v を用いても計算結果に違いは生じない。

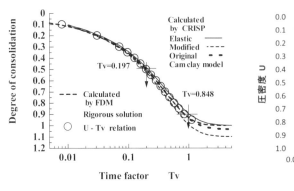

図 4.2　圧密度 U と時間係数 T_v の関係　　　　図 4.3　U_σ あるいは $U_\varepsilon \sim T_v$ 関係

4．2　一次元圧密と等方圧密　　Cri4B.dat

一次元圧密された粘土に等方応力増分 100(kPa)を加えた場合の体積ひずみ(黒実線)，鉛直ひずみ(黒破線)と圧密層の平均間隙水圧(×印)の経時変化を図 4.4 に示した。

等方圧密の透水係数は，一次元圧密の 1.5 倍の $k=2.5*10^{-9}$ m/sec を用いた。一次元圧密計算の透水係数は，　$k=m_v*c_v*\gamma_\omega=1.667*10^{-9}$ (m/sec)(ここで，$m_v=10^{-3}$(kPa^{-1})，$c_v=0.1$(cm^2/min))

を用いているが，等方圧密では等方応力増分100(kPa)で圧密量あるいはm_v値が約1.5倍になるためである．図中に示した圧密度50(%)の圧密時間t_{50}における一次元圧密（黒実線と○印）と等方圧密の平均圧密量と平均間隙水圧はそれぞれ一致して50(%)と計算されている．

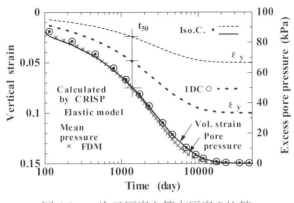

図4.4 一次元圧密と等方圧密の比較

4．3 CRISPの土質定数 Cri4C.dat

CRISPで利用するカムクレイモデルの定数は，レコードMでデータを入力する．入力すべき定数は，P(1)=膨張指数κ, P(2)=圧縮指数λ, P(3)=初期間隙比Γ-1, P(4)=限界状態線の勾配M, P(5)=ポアソン比ν, P(7)=水の密度γ_ω=10(kN/m^3)(圧密解析の場合のみ), P(9)=透水係数k_x(m/sec), P(10)=k_y(m/sec)だけである．注意すべき点は，CRISP独自の考えで，平均有効応力p=1(kPa)における体積比Γを使う点である．オリジナルカムクレイは$\Gamma = N - (\lambda - \kappa)$とし，修正カムクレイでは$\Gamma = N - (\lambda - \kappa)*ln(2)$とする． Nは，実験から得られた$e\sim\ln p$曲線の平均有効応力p=1(kPa)における体積比である．限界状態線の$e\sim\ln p$曲線は，実験から得られた$e\sim\ln p$曲線に平行と仮定している．CRISPの計算に必要な土質定数の一部を図4.5に示す標準圧密試験結果から決定し計算結果と比較する．

① 正規圧密粘土の鉛直有効応力 σ_{y0}=39.2(kPa)における間隙比 2.079，載荷増分 $d\sigma_y$=39.2(kPa)で1日圧密後の圧密量(=体積ひずみ=鉛直ひずみ)5.30(%)からλ=0.236である．

② $\sqrt{t}$法で求めた圧密係数 c_v=0.05(cm^2/min)から$k=m_v*c_v*\gamma_\omega*10^2/60=1.1*10^{-9}$(m/sec)を求める．$k_x=k_y=k$とする．

③ 三軸圧縮試験から得られたM=1.57とK_0=0.4より載荷前の平均有効応力p_0(=$\sigma_{y0}*(1+2*K_0)/3$=23.5(kPa))を求め，Γと降伏面のサイズパラメーターp_cを計算する．オリジナルカムクレイでΓ=3.617，$p_c=p_0*\exp(\eta_0/M)$=44.26(kPa)，修正カムクレイでは，Γ=3.681，$p_c=p_0*(1+(\eta_0/M)^2)$=33.09(kPa)となる．ポアソン比νは$\nu=K_0/(1+K_0)$=0.286である．

④ 弾性土モデルの場合，ヤング係数Eはνとm_v(=0.053/39.2=1.35*10^{-3}(kPa^{-1}))から計算する．

$$E = \frac{1}{m_v} * \frac{(1-2\nu)(1+\nu)}{1-\nu} = 571.4 \qquad 式(4.6)$$

図4.5は一次元圧密量時間曲線の計算結果で，弾性(黒破線)ならびに弾塑性，オリジナル

カムクレイ(赤点線)と修正カムクレイ(赤実線)で示した。計算結果は実測値と大きく異なっている。これに対して，二次圧密を考慮した差分法による計算結果(黒実線)は，実測値によく適合しており弾粘塑性解析の必要性を示すものである。

　土モデルの違いによる1日後の圧密量の差は小さいが，一次元圧密における有効応力経路は土モデルで図4.6のように大きく異なり，圧密終了後のK_0値は理論値と大きく異なる。

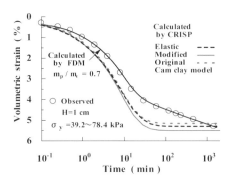

図4.5　圧密量時間曲線　　　　　　図4.6　一次元圧密の有効応力経路

この粘土の静止土圧係数K_0値は圧密前後で変化しない。一次元圧密量の計算結果が実測値に近くても，応力の計算結果が実際と異なる弾塑性モデルは，応力ひずみ関係としての妥当性に疑問が残る。

4．4　弾塑性及び弾粘塑性有限要素一次元圧密解析　　Cri4D.dat　　Cri TDL.dat

　(社)地盤工学会"地盤工学におけるFEMの設計への適用に関する研究委員会活動成果報告書（平成17年3月頁72表3.1.5)"に記述されたK_0圧密問題の土質パラメーターを利用する[8]。CRISPによる弾塑性FE解析と，著者らが作成した差分法による二次圧密を考慮した一次元圧密解析プログラムC1Dfd.xlsmによる計算結果を研究委員会の研究成果と比較する[11]。報告書の土質定数と計算条件は，以下のとおりである。

　土質定数：λ=0.1，κ=0.01，k/γ_ω=0.002 (m/day)，M=1.64，K_0=0.489 & ν=0.3

　作用応力：σ_{y0}=11.77(kPa)，e_0=0.5 & $d\sigma_y$=98.1(kPa)

　粘土層厚＝最大排水距離　H=10(m)

　なお，一次元圧密沈下量SはFEMによらなくても手計算で求められる。

$$S = \frac{\lambda}{f_0} * \ln(\sigma_y/\sigma_{y0}) * H = \frac{0.1}{1.5} * \ln(109.87/11.77) * 10 = 1.49\,m \qquad 式(4.7)$$

1)　CRISPによる計算に必要な土質パラメーター

　弾性土モデルの場合：体積圧縮係数 $m_v = d\varepsilon_y/d\sigma_y$=0.149/98.1=1.52*10^{-3} (kPa^{-1})

　　　　　　　　　　　$\nu = K_0/(1+K_0)$=0.328，E=507.5(kPa)，G=197.4(kPa)

　修正カムクレイの場合：Γ=0.643，p_c=9.49 (kPa)

　オリジナルカムクレイの場合：Γ=0.615，p_c=12.44 (kPa)

2) C1Dfd.xlsm，差分法による計算に必要な土質パラメーター

圧密係数 $c_v = k/\gamma_\omega/m_v = 0.002*10^2/1440/1.52*10^{-3} = 0.0913$ (cm^2/min)

一次元圧密沈下量の比較：計算で期待される沈下量 S=1.49(m)と静止土圧係数 K_0= 0.489

表 4.1　CRISP の計算結果

CRISP	弾性体解析 等方線形	弾塑性解析 オリジナルカムクレイ	弾塑性解析 修正カムクレイ
沈下量(m)	1.49	1.50	1.66
静止土圧係数 K_0	0.488	0.673	0.482

3) 圧密沈下量の経時変化の比較：　CRISP(弾性土)　C1Dfd.xlsm(二次圧密考慮)

図 4.7 の破線は CRISP による弾性土モデルの圧密沈下量の経時変化である。委員会は，研究者毎の FEM プログラムの沈下量の差異を検討するためか，極めて大きな透水係数 k を用いている。カムクレイでなく弾性土モデルを使った CRISP の計算は，正確な沈下量を与えている。粘土としては少し大き目の圧密係数 c_v=0.1(cm^2/min)を採用した。C1Dfd.xlsm による計算では，圧密時間 10^6 日間に期待される沈下量になる。粘土の粘性効果を考慮する場合，室内試験の圧密沈下量に対応する最大排水距離の異なる沈下量は，いつ発生すると考えるのかが大きな問題である。

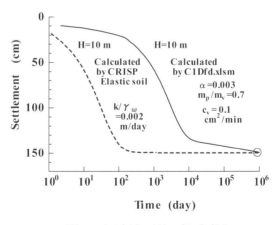

図 4.7　圧密沈下量の経時変化

図 4.8 の黒破線は，C1Dfd.xlsm による図 4.7 の計算結果である。計算に用いた土質定数で計算する最大排水距離 H=1(cm)の標準圧密試験における圧密量の経時変化は，図 4.8 の実線のように推測される。ただし，H=1(cm)のひずみを H=10(m)に対応させている。いわゆるアイソタック則が成立するならば，標準圧密試験を用いた現行設計法では，最大排水距離が異なる現場の沈下量を過小に予測する可能性があることを計算結果は示している。

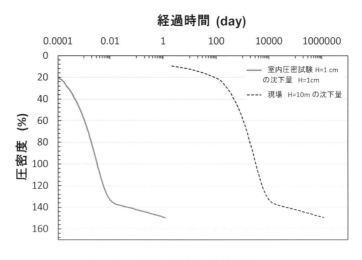

図 4.8 圧密沈下量の経時変化

Terzaghi(1943)によって提案された一次元圧密速度に関する理論は，軟弱地盤の沈下時間関係の予測に広く使われてきたが，現場および実験観測の両方から，実際の圧密挙動はTerzaghi 理論に基づく予測と異なることがよく知られている。その原因の一つは，Terzaghi 理論で考えられていない，いわゆる二次圧密効果と考えられている。

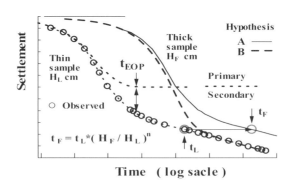

図 4.9 H^2 則と排水距離の異なる圧密時間の仮説

4) 圧密沈下量の経時変化の比較：H^2 則と排水距離の異なる圧密時間の仮説

一次元圧密の相似則，H^2 則に関連する問題として，Ladd らは図 4.9 に示すように一次元圧密中の時間効果に関する仮説 A，B という二つの極端な場合を示した。仮説 A は，二次圧密は一次圧密終了後(t_{EOP})にのみ発生し，層厚が薄い試料の沈下時間曲線は最大排水距離の比の 2 乗$(H_F/H_L)^2$に比例すると仮定している。t_{EOP} 以前，一次圧密中に二次圧密が発生しても平行移動型の圧密量時間曲線は存在するため，仮説 A に関する Ladd らの定義は正確さに欠ける。Suklje のアイソタック法（Isotaches Method）と呼ばれる図解法の仮定に基づく仮説 B は，薄い試料と厚い試料の両方の圧密量時間曲線が二次圧密領域で一致すると仮定している[12)-14)]。

CRISP は，弾塑性圧密有限要素解析プログラムであり，二次圧密，粘土の時間依存性挙動

は考慮されない。そこで，CRISPによる特殊な漸増載荷でアイソタック法が成立することを示す。二次圧密を考慮した一次元圧密でアイソタック法が成立するのは，漸増載荷と同じである。アイソタック法は，圧密層内位置による圧密開始の遅れに伴う二次圧密発生遅れを考慮していないことになるが，次の二つの載荷条件による計算を比較する。

5) 圧密沈下量の経時変化の比較：二次圧密と漸増載荷
   漸増載荷条件：図4.10
① 瞬間載荷の荷重増分 $d\sigma_0$=19.62(kPa)，漸増載荷増分なし。
② 瞬間載荷の荷重増分 $d\sigma_0$=13.73(kPa)で,①の7割と漸増載荷増分は,$d\sigma = d\sigma_0 + \beta*\log(t/t_i)$ とする。$d\sigma_0$ による一次圧密量，漸増載荷増分で二次圧密量に対応する圧密量を想定する。β は載荷速度係数, t は圧密経過時間, t_i は漸増載荷開始時間である。圧密量を時間の対数に対してプロットした圧密量時間曲線の勾配から二次圧密係数 α を求めている。二次圧密を求めた直線部分の延長線と仮定した一次圧密量との交点を漸増載荷開始時間 t_i とした。$\beta = \alpha/m_v = 6.92*10^{-3}$ となる。

漸増載荷による計算結果を図4.11に示した[16]。計算される1日後の圧密量を一致させるため，弾性体土モデルを採用し，m_v=4.86*10^{-3}(kPa^{-1})から弾性係数 E=155(kPa)，ポアソン比 ν=0.296(静止土圧係数 K_0=0.42 仮定)とした。カムクレイモデルでは，モデル自身の不具合のため載荷前後の静止土圧状態が再現できず，圧密量の計算結果が実測値に対応しないため弾性体土モデルを採用した。なお，CRISPデータは，Cri TDL.dat である。

破線は計算条件①の瞬間載荷のみの場合で，圧密理論通りに計算されている。実線は②の漸増載荷による圧密量時間曲線の計算結果である。最大排水距離の異なる供試体に対する圧密量時間曲線は，アイソタック法(仮説B)になる。二次圧密のような挙動が計算されているが，弾性体土モデルによる漸増載荷の計算結果である。圧密層内の排水面からの距離による二次圧密の発生遅れを無視するのが仮説Bと理解できる。

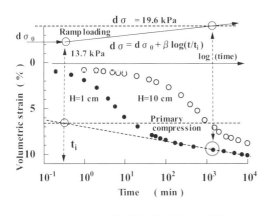 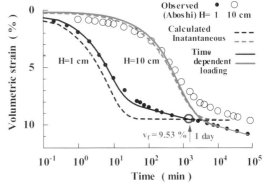

図4.10 漸増載荷条件の説明　　図4.11 CRISP漸増載荷の結果

4.5 バーチカルドレーンの圧密　　Cri VD2x19.dat

上下(v)方向の圧密排水がなく放射状排水のみを考える圧密方程式は式(4.8)である。

$$\frac{\partial u}{\partial t} = c_h \left(\frac{\partial^2 u}{\partial r^2} + \frac{1}{r}\frac{\partial u}{\partial r} \right) \qquad 式(4.8)$$

ここに，u＝過剰間隙水圧，t＝圧密時間，r＝半径方向の距離，c_h＝圧密係数である。

バーチカルドレーンに関する圧密理論は，Barron(1948)によって提案され，後にRichart(1959)によっても検討されている。その論文でサンドドレーンの圧密は，自由ひずみと等ひずみの二つに分類されている。

　自由ひずみ：地表面にたわみ性等分荷重が作用し，地表面に不均等沈下が発生する。
　等ひずみ　：地表面に剛な分布荷重が作用し，地表面全体に均等沈下が発生する。その結果，剛な荷重は不均等分布となる。

サンドドレーンを打設した軟弱地盤の一次元圧密解析には，等ひずみの Barron 解が利用されている。等ひずみ条件における圧密時間 t，距離 r の過剰間隙水圧 u は，式(4.9)で表わされる。

$$u = \frac{u_{av}}{\lambda\, r_e^2}\left[r_e^2 \ln\left(\frac{r}{r_w}\right) - \frac{r^2 - r_w^2}{2} \right]$$
$$\lambda = n^2 \ln n / (n^2 - 1) - (3n^2 - 1)/4/n^2 \qquad 式(4.9)$$

ここに，r_e＝等価円の半径＝$d_e/2$，r_w＝サンドドレーンの半径＝$d_w/2$，$n = r_e/r_w$，u_{av}＝平均過剰間隙水圧である。

載荷重増分に等しい初期過剰間隙水圧 u_i，時間係数 $T_h = t * c_h / d_e^2$ とすれば，平均圧密度 U は，式(4.10)で表わされる。

$$U = 1 - u_{av}/u_i = 1 - \exp(-8*T_h/\lambda) \qquad 式(4.10)$$

ここに，$u_{av} = u_i * \exp(-8*T_h/\lambda)$ である。

圧密方程式，式(4.8)を差分法で解く場合，式(4.11)の境界・初期条件を用いる。

$$\begin{aligned}
u(\,r = r_w\,,\ t > 0\,) &= 0 \\
u(\,r_e \geq r > r_w\,,\ t = 0\,) &= u_i\,(= \Delta p) \\
\partial u/\partial r(\,r = r_e\,,\ t > 0\,) &= 0
\end{aligned} \qquad 式(4.11)$$

また，陽的差分解法で式(4.8)は，

$$u_{i,t+\Delta t} = u_{i,t} + \alpha * (u_{i+1,t} - 2*u_{i,t} + u_{i-1,t}) + \frac{\Delta y}{2*r_i}(u_{i+1,t} - u_{i-1,t}) \qquad 式(4.12)$$

ここに，$\alpha = c_h * \Delta t / \Delta y^2 = c_h * \Delta t / \Delta r^2 \leq 0.25$，下付き添え字 i は位置，t は圧密時間である。式(4.8)は，よく知られた誘導仮定から明らかなように変形条件は考慮されていない。流出入水量の差が体積変化に等しいとする連続条件にすぎない。差分法の計算では，各節点における圧密に伴う有効応力の増加に対応する体積ひずみを鉛直方向のひずみに等しいと仮定する。したがって，式(4.11)の境界・初期条件のみによる差分法の計算では，自由ひずみ条件である。また，圧密荷重増分に等しい載荷直後に発生する初期過剰間隙水圧は，圧密中一定と仮定する。

1) サンドドレーンの模型実験と CRISP・差分法による計算結果　VD バロン.xlsm

住岡・吉国の論文の実験結果と土質定数を利用する[15]。体積圧縮係数と圧密係数は，論文の数値から著者らが計算した。サンドドレーンの直径 d_w=3.7(cm)，有効径 d_e=24.74(cm)，粘土供試体の初期高さ 16.4(cm)として沈下量をひずみに変換し CRISP 計算結果と比較する。供試体上端にアクリル板を介して鉛直荷重を加え，排水量を鉛直ひずみとしているので等ひずみに近いと考えられる。

表 4.2　土質定数

住岡・吉國			著者らの設定		
E(kPa)	v	k(cm/min)	m_v(kPa^{-1})	c_v(cm^2/min)	k(cm/sec)
598	0.333	1.04*10^{-5}	1.15*10^{-3}	0.092	0.1

図 4.12 がサンドドレーンの模型実験の再現計算に用いた要素図である。砂と粘土のヤング係数値を同じ大きさにしているため，供試体上端辺への等分布荷重で圧密後は自由ひずみとなり，実験条件と異なる。節点番号 45 から 60 の y 方向変位の平均値を鉛直ひずみとした。式(4.12)の差分法，VD バロン.xlsm による計算も行った。等ひずみの Barron の解と差分法による自由ひずみの鉛直ひずみ（＝圧密量）時間関係の計算結果をそれぞれ点線と実線で図 4.13 に示した。また，供試体上面に等分布荷重を載荷した有限要素法による自由ひずみ条件の計算結果が破線である。差分法のサンドドレーン部分は，中空円柱であるが有限要素法ではサンドドレーン部分のヤング係数とポアソン比を粘土部分のそれと同じにして自由ひずみ条件としている。自由ひずみ条件の差分法と有限要素法による計算結果の方が，等ひずみの Barron の解よりも等ひずみ条件で行われた実測値に近い。しかし，いずれの計算結果も圧密末期を除けば実測値と近い結果が得られる。

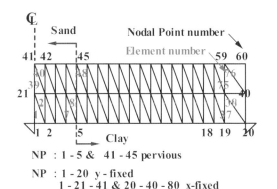

図 4.12　要素図 VD メッシュ

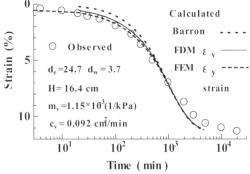

図 4.13　サンドドレーンの実験結果と計算結果の比較（住岡・吉國）

この計算例によれば，サンドドレーンの圧密解析は有限要素法でなく，より簡便な差分法でよいと判断しうる。また，住岡らは，圧密末期における計算結果と実測値の食い違いは，二次圧密によるものとしている。

4．6　三軸供試体の異方圧密　　Cri TriRDDC.dat

土の強度特性の検討に加え，応力ひずみ関係や圧密挙動を調べるため三軸試験が利用される。図 4.14 の要素図を用い三軸供試体の半径方向への流れも考慮した計算例である。載荷する異方応力条件とその載荷速度によって三軸供試体は破壊する。破壊せずに最短時間で載荷し圧密を促進できれば，その判断能力は軟弱地盤上の盛土の施工制御に関係し重要である。

図 4.14 は，三軸土供試体の 1/4 を 20 行 10 列の三角形要素で表しているが，要素図と四隅の節点番号は次のようである。CRISP では，計算結果の変位と間隙水圧が一次元配列 $DA(i=$未知量番号$)$に保存される。要素図の節点番号と未知量を理解すると CRISP の利用が容易になる。

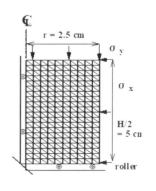

変形拘束条件：供試体中心線上節点の半径(x)方向変位拘束＆供試体下端の上下(y)方向変位拘束。

外力条件：供試体上端ならびに外円周上の節点に載荷。ただし，供試体の上の剛体のペデスタルによる等変位を外力増分の代わりに負荷する場合もある。前節 10 行 1 列の要素図

図 4.14　要素図

の等方圧密との比較のためには，応力増分 $d\sigma_y$=100(kPa)，　$d\sigma_x$ = 50 あるいは 100(kPa)である。TriRDDC.dat の $d\sigma_x$ = 50(kPa)の異方応力増分では，土供試体に破壊が生じない漸増載荷とした。

排水条件：供試体上端，ならびに外円周上の要素辺を排水境界，あるいは，供試体の半径方向にのみ排水するが，実験では供試体下端中央部で間隙水圧を測定することもある。

次に，図(4.14)の要素図における節点番号と要素番号を簡単に説明する。

供試体上端節点番号(黒字)＆　要素番号(ハッチ)である。

要素番号 381 や 382 が最上端の一列目の要素である。要素番号 399 や 400 は，最上端の 10 列目の要素である。最上端の節点は，中央部で 221，外周部で 231 となる。

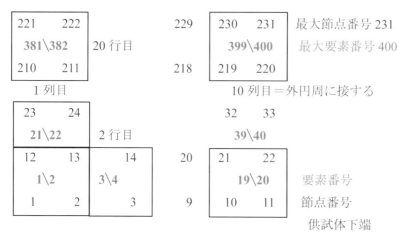

供試体中心線に接する要素番号（節点番号）〜　半径方向変位拘束

1(1,12),21(12,23),41(23,34)　〜　361(199,210),381(210,221)

供試体下端に接する要素番号（節点番号）

1(1,2),3(2,3), 5(3,4) 〜 17(9,10),19(10,11)

供試体外円周に接する要素番号（節点番号）

20(11,22),40(22,33),60(33,44) 〜 380(209,220),400(220,231)

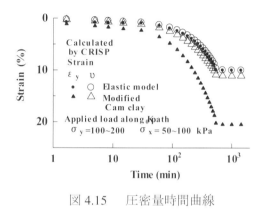
図4.15　圧密量時間曲線

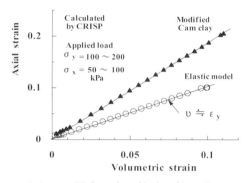
図4.16　異方圧密の体積＆軸ひずみ関係圧密量時間曲線

　前章までと同じ土質定数で計算した三軸異方圧密試験の圧密量時間曲線が図4.15である。K_0応力経路に沿う応力増分の異方圧密なので供試体が破壊しないように，軸ひずみε_yと体積ひずみvの大きさが等しくなるよう応力増分を30分間隔に細分化して段階載荷とした。供試体を弾性体と仮定した場合，v（○印）とε_y（●印）の大きさが等しく計算されK_0圧密試験結果に近い挙動の結果を得た。弾塑性体（修正カムクレイ）の場合，▲印のε_yが△印のvよりかなり大きく計算されている。しかし，これは載荷速度が速すぎるためではない。カムクレイの塑性ポテンシャルに関する仮定の不具合によるものである。何故なら異方圧密中のε_yとvの比が一定でε_yのみが増加していないからである。異方圧密中に供試体が破壊に近づきせん断変形が急増するならば，図4.16のε_yとv関係のような計算結果にはならない筈である。

5．平面ひずみ圧縮・圧密問題

　道路盛土による軟弱地盤の圧密変形問題は平面ひずみ条件で，奥行き方向の変形は生じない。一次元圧密における静止土圧と同じように，弾塑性モデルで仮定する塑性ポテンシャルが奥行き方向の応力増加を支配する。その奥行き方向の応力増分が実際と異なるのでは，平面内で発生するひずみ量の計算結果も信頼できない。平面ひずみ条件の奥行き方向応力，すなわち中間主応力の計算結果に焦点をあてた FE 計算例を示す。また，慣用的な差分法による一次元圧密沈下量と圧密沈下速度とも比較する。実務では，二次元圧密を一次元圧密の計算で代用することが多いからである。

5．1　排水圧縮と掘削　　Cri PSD 全.dat，Cri PSD 局.dat

　道路盛土による軟弱地盤の変形問題を対象とした平面ひずみ FE 解析に，図 5.1 の要素図を用いる。CRISP は三角形要素を採用しているため，15 行 25 列の四角形は二つの三角形要素に分割される。要素図左辺が中心軸で地盤の右半分を表している。地表に相当する上辺すべての節点への載荷では，一次元圧縮となる。盛土半幅 B/2 の部分のみに局所載荷すれば，平面ひずみ圧縮問題である。全面載荷と局所載荷の DAT ファイルは，それぞれ Cri PSD 全.dat と Cri PSD 局.dat である。

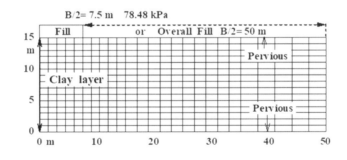

図 5.1　FE 要素図

　一次元排水圧縮計算例と同じ土質定数を用いた計算では，2 章に示したように一次元圧縮ひずみ $d\varepsilon_y$ = 0.1 で，地表面の沈下量は 1.5(m)(= $d\varepsilon_y$ *H; H = 粘土層厚 15(m)) となる筈である。PSD 全.dat（排水条件）の計算結果から確認できる事項，たとえば，①載荷前の粘土地盤（＝全要素）は，鉛直有効応力 σ_{y0}=100 (kPa)で全面載荷，荷重増分 $d\sigma_y$=100 (kPa)で計算される載荷後の粘土地盤，全要素の鉛直有効応力 σ_y=200 (kPa)。静止土圧係数 K_0=0.5 なので σ_x = 100 (kPa)か？②地表面の沈下量は，上辺のすべての節点で 1.5(m)と均等か？である。CriPSD 全.dat による計算結果を表 5.1 に示した。

表 5.1 計算結果

区　　分	S(m)	ε_y	σ_y(kPa)	σ_x(kPa)	$K_0=\sigma_x/\sigma_y$
弾性土モデル	1.50	0.100	200.	100.	0.50
修正カムクレイ	1.48	0.099	200.	129.	0.65
オリジナルカムクレイ	1.55	0.103	200.	168.	0.84

3つのモデルによる沈下量，一次元圧縮ひずみはほぼ一致している。これに対して前節までと同様にカムクレイでは σ_x あるいは K_0 値が過大となる。ひずみがほぼ正確に計算されても，応力が実際と異なるのでは，やはり応力ひずみ関係の妥当性に疑問が残る。

盛土半幅 $B/2=7.5$(m)に全面載荷と同じ大きさの荷重増分 $d\sigma_y=100$(kPa)を加え，盛土荷重による軟弱地盤の沈下・変形を図 5.2 と図 5.3 に示した。図 5.2 から明らかなように，局所荷重では圧密による体積変化とせん断変形による沈下の影響で，盛土中央直下は一次元圧密沈下量より大きくなる。15(m)の粘土層内の地盤内応力増分の計算結果を図 5.3 に示した。CRISP の計算結果で○印は弾性土，●印は修正カムクレイであるが，両土モデルで地盤内応力増分が大きく異なる。○印弾性土では粘土層下部で負値である。これらの結果と比較するため弾性論に基づく SisR.xlsm による計算結果を図中に赤線で示した。赤線は●印の修正カムクレイに近い結果となった。

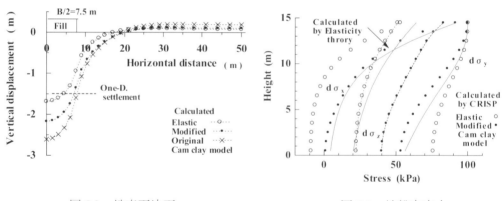

図 5.2　地表面沈下　　　　　図 5.3　地盤内応力

弾性土モデル Cri PSD 全.dat による計算結果は，出力ファイル Cri A.OUT に載荷ステップ毎の節点番号 NP=16, 32, 64, 96, 128, 160, 832 の y 変位と要素番号 NE=30,60,90 の σ_y を書き込む。JS=INCF で全ステップの載荷終了後，地表面全節点の均等 y 変位=1.5(m)を出力する。Cri B.OUT では一部地表面節点で辺上の分布荷重を載荷ステップ毎に出力する。この出力は，地表面に対する強制変位で行う支持力解析の場合に役立つ。出力変更には，Sub.OUT2 の改造が必要である。JS=INCF で最左列の σ_y と過剰間隙圧増分 du の深さ方向分布を出力。最右列の σ_y も出力して一次元圧縮なのでその大きさが等しいことを確認できる。

5．2 平面ひずみ圧密解析　　PSC 全.dat，Cri PSC 局.dat

図 5.1 の要素図を用いて，全面載荷の一次元圧密と局所載荷の平面ひずみ圧密の沈下量時間関係の計算を弾性モデルと修正カムクレイモデルで計算する。局所載荷の平面ひずみ圧密計算では，適切な載荷速度を選択しないと粘土層に破壊が発生する。前章までの計算例の土質定数や載荷増分と同じであるが，載荷増分を 10 等分して所定の時間間隔で段階載荷した場合の沈下量時間関係が図 5.4 である。図 5.5 は載荷部周辺の地表面の沈下量分布であり，盛土中央直下の沈下量は表 5.2 のとおりである。

表 5.2　計算結果

区　　分	一次元圧縮（全面載荷）の沈下量 S(m)	平面ひずみ圧縮（局所載荷）の沈下量 S(m)
弾性土モデル	1.50	1.69
修正カムクレイ	1.62	2.77

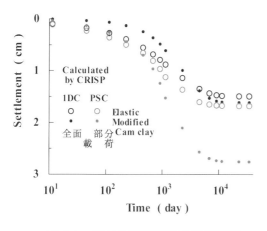

図 5.4　沈下量時間関係の計算結果

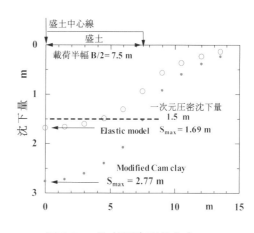

図 5.5　地表面沈下量分布

5．3　超軟弱地盤における道路盛土試験工事の事例解析

舞鶴若狭自動車道向笠地区の試験盛土工事に関する超軟弱地盤の変形抑制対策の検討結果が平田らによって報告されている[17]。論文に記載された情報を利用し，向笠試験工事の事例解析を CRISP で行う。約 50(m) の軟弱地盤の地層構成と計算に用いたヤング係数 E は，表 5.3 のようである。ポアソン比は全層 0.333，粘土層と腐植土層の透水係数は，それぞれ一つの値で複数の層を代表させている。

向笠の特徴は，軟弱層の下に位置する砂礫層が被圧していることである。図 5.6 に示す要素図で，盛土荷重を要素の自重と要素辺に作用する分布荷重で表現し計算結果を比較する。盛土開始約 5 年後の沈下量と盛土高さを図 5.7 に示した。高さ約 17(m) の盛土は，350 日間の傾斜荷重とした。

表 5.3 土質定数

地層	深度(m) 上端	深度(m) 下端	E (kPa)	v	k (m/s)	地層	深度(m) 上端	深度(m) 下端	E (kPa)	v	k (m/s)
粘土1	0	8	407	0.333	6-E09	粘土6	27.5	32.0	349	0.333	6-E09
腐植土2	8	9.8	525	0.333	1-E08	腐植土7	32.0	39.8	289	0.333	1-E08
腐植土3	9.8	15.3	840	0.333	1-E08	腐植土8	39.8	49.8	454	0.333	1-E08
粘土4	15.3	24.5	865	0.333	6-E09	砂礫	49.8	—	—	0.333	1-E02
腐植土5	24.5	27.5	732	0.333	1-E08	被圧層	—	—	—	—	—

　図 5.8 の破線と実線は，地表全面に載荷荷重 200(kPa)の一次元圧密と，盛土半幅約 50(m)の台形分布荷重を載荷した平面ひずみ圧密解析の結果を示している。偶然にも，沈下量がほぼ同じ大きさになった。軟弱層下端砂礫層の被圧を 30(kPa)，定常浸透状態にあると仮定して圧密計算した結果が図 5.8 の黒点線である。被圧水を考慮すると沈下量が 1.3(m)減少する。将来，被圧がなくなった場合の新たに発生する沈下量に相当する。平田らは軟弱層下端，砂礫層を非排水条件としているが，上記計算は両面排水条件である。

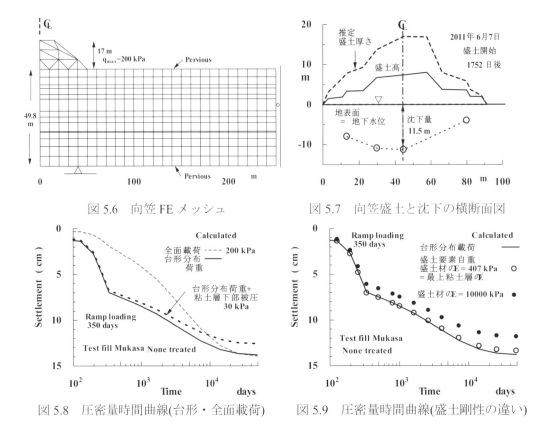

図 5.6　向笠 FE メッシュ　　　図 5.7　向笠盛土と沈下の横断面図

図 5.8　圧密量時間曲線(台形・全面載荷)　　図 5.9　圧密量時間曲線(盛土剛性の違い)

盛土荷重を要素の自重で表現する方が，より実際に近くなると考えられている。盛土要素のヤング係数 E を地表面に接する最上部の粘土層のそれと同じにした場合と，平田らの論文の $E=104(kPa)$ を用いた計算結果を図 5.9 にそれぞれ○と●印で示した。その沈下量の差は約 2.5(m)であり，黒実線は要素自重荷重でなく台形分布荷重とした場合である。盛土に接する粘土層の E と盛土のそれが大きく異なる場合，盛土が軟弱地盤の変形を拘束するため沈下量がかなり異なるようである。

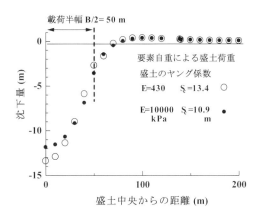

図 5.10　局所載荷による鉛直変位　　　　図 5.11　局所載荷による水平変位

図 5.10 と図 5.11 は，地表面の鉛直変位量と盛土法尻直下の地中水平変位量の分布図である。両図の計算結果から，仮定する盛土のヤング係数 E が，沈下量ならびに地中水平変位量に影響することがわかる。また，要素図から明らかなように，最下部粘土層とその下砂礫層の境界面の x，y 変位は拘束されている。底部粘土層の y 方向変位のみの拘束条件とした場合では沈下量が変化する。盛土や洪積層と境界面の変位拘束条件への配慮や工夫も重要である。

６．クイックサンドの計算　　Cri 浸透.dat

６．１　一次元浸透水圧による有効応力変化

　平面ひずみ圧密解析例の要素図の図 5.1 を用いて，浸透水圧による地盤内有効応力変化を計算する。計算結果を簡単に確認するため 15 行 25 列の全要素を三軸室内の土要素の如く鉛直・水平有効応力それぞれ 100(kPa)と 50(kPa)と設定する。深さ 15(m)の最下部要素下辺に 100(kPa)の浸透水圧を作用させた後の定常浸透状態では，鉛直有効応力が深さ方向に直線的に変化している筈である。このようなプログラムチェックの計算結果が図 6.1 である。

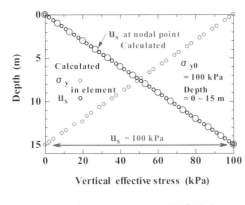
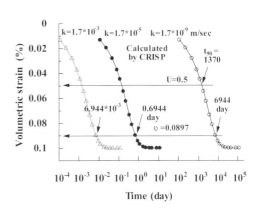

図 6.1　σ_y & u 深度分布　　　　図 6.2　透水係数による影響

　粘土層下端に対する 100(kPa)の浸透圧は，地表まで線形に変化，初期鉛直有効応力への影響を図 6.1 で確認しうる。最左列要素の計算結果であるが，その他の列の計算結果も同じになる。計算に用いた Cri 浸透 1.DAT は，圧密解析 CriPSC 全.dat を次のように変更した。

Record L1 ；　　0　7　1　1　**5**　0　0　0　1　2　　　；太字部分 INCF=5

Record M ；　　1　1　666.7　666.7　0.3333　0.3333　250.　0.　10.　0.　1.667E-3　1.667E-3　；砂を目安に透水係数 k_x & k_y=1.667E-3(m/sec)

Record R ；　　1　1　5　0　1　50　11　0　4.E3　1　0.　　；NLOD=0

Record T1 ；　　1.　　.0　　0　　0　　0　　　　　　　　　　　　；NFIX=50

Record T3 ；　　1.E2　3.E2　6.E2　1.E3　2.E3

Record V ；　　1　1　17　3　2　100.　100.　0.　　；以下 25 データ変更

　R の NFIX=50 で変更ないが，粘土層下端 25 辺に間隙水圧を 100(kPa)に拘束する。層上端 25 辺は排水層で変更なし。地表面載荷重の V データ 25 個削除。Cri 浸透 1.dat の INCF=5 であるが，Record T1 から明らかなように，浸透圧は即時変化（あるいは瞬間載荷）である。設定する透水係数値にも影響されるが，図 6.1 の場合，時間ステップ 3 以降は定常浸透であることが計算結果で確認できる。CRISP は連成圧密解析プログラムである。図 6.1 は砂のように大きな透水係数を用いた浸透解析であり，浸透圧による地盤の隆起量も計算しうる。Cri4A.dat による圧密解析の一例が図 6.2 である。透水係数の変化に応じた圧密量時間曲線が，平行移動型として理論通りに計算される。

6．2 二次元（平面ひずみ）浸透水圧による有効応力変化

砂地盤掘削時の一次元の浸透破壊であるクイックサンドは限界動水勾配で，多次元では土塊の有効重量と浸透水圧の大小で判断される。教科書には流線網を描き浸透水圧を求めよと記述されているが，現在では，パソコンを用いた数値計算で浸透水圧を容易に計算できる。掘削地盤に粘土層を含む場合，浸透破壊をモールクーロンの破壊基準で，ヒービング量を有限要素法で検討することも可能である。

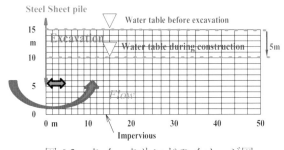

図6.3 クイックサンドのイメージ図

5章で用いた平面ひずみFE解析と同じ図6.3の要素図を利用して，掘削によるクイックサンドの検討を行う。図の赤両矢印が鋼矢板で，黄点線で示した 5(m)の深さまで掘削し，工事中に地下水位が掘削底面まで低下したとする。鋼矢板の施工深さを10(m)として，矢板下部 5(m)間の砂地盤を回り込む浸透水圧の影響(クイックサンド)を検討する。Terzaghiの方法では，矢板根入れ長 5(m)の半分，幅 2.5(m)矢板前面の土塊の有効重量が浸透水圧の 4 倍必要とされている。

CRISPによる計算結果と出力範囲

掘削底面(深度 5(m))＝地下水位面(鉛直有効応力ゼロ)

Sheet pile　根入れ長＝5(m)

要素番号　要素幅 1.5(m)　3列目要素右側 $x=4.5$(m)

| 11 | 12 | 41 | 42 | 71 | 72 |

節点番号
6　　　22　　　38　　　54

要素左端&節点番号 1~6 の砂層底部まで浸透水圧 50(kPa)

掘削底面と砂層底部 10m の間は初期鉛直有効応力　0～100(kPa)とする。

計算結果1：要素内鉛直有効応力は要素積分点の平均値で，要素幅4.5(m)の間
　　σ_y = 16.3 ＼ 26.5 （要素下＼上の順） 22.5 ＼ 32.1　26.8 ＼ 37.0 (kPa) 平均26.9(kPa)

計算結果2：要素内間隙水圧を積分点で出力できるが，節点水圧を出力
　　浸透水圧 50(NP=6)(kPa)　33.9　25.5　19.8　15.5(kPa)　平均 28.0 (kPa)

したがって，$\sigma_y <$ 浸透水圧でクイックサンドの可能性ありとなる。この計算は Cri 浸透2.dat で実行された。計算結果から定常浸透状態で矢板沿いの最左列要素内の鉛直有効応力

と浸透水圧分布を描くと図 6.3 のようになる。掘削底面の隆起量も計算しているが，計算に用いた土質定数に意味がないので記述を省略した。均一砂層でなく粘土層も介在させ，ヒービング，盤膨れ変位を出力することは容易である。浸透水圧による地盤（要素）内有効応力変化を無視し，浸透水圧の大きさだけを問題にするなら節点水圧の出力が便利である。

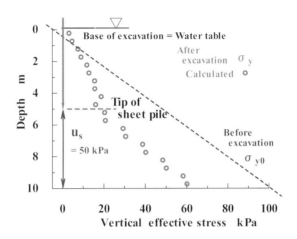

図 6.3　鉛直有効応力と浸透水圧の深度分布

7．孔内載荷試験の圧密効果　　Cri KC.dat

　孔内載荷試験は，硬質土や岩盤の試験を除き，削孔後，速やか実施しなければならない[16]。試験孔周辺土が吸水膨張すると，その後の載荷試験結果に影響するためと考えられる。吸水膨張効果を考えるならば，載荷試験中の排水効果も考慮する必要もある。地盤調査法では，予想最大加圧力の 1/10 以下の荷重増分を加え各載荷圧力段階で一定圧力を 2 分間保持することが必要とされている。非排水条件下の載荷試験に近いこの載荷速度では，試験結果に対する排水条件の影響が考えられる。降伏応力以下の過圧密領域で変形係数を求めることが規定されているので，粘性土の場合，過圧密土を対象としたほぼ非排水条件下の変形係数を求める試験と理解しうる[13]。また，孔内載荷試験結果に降伏応力以上の土の変形挙動を必要とするのかも明らかでない。CRISP による孔内載荷試験の再現計算によって，関東ロームの排水（圧密）効果が，試験結果として得られる変形係数 E に及ぼす影響について述べる。

7．1　調査・試験結果と土質定数

　神奈川県平塚市，東海大学湘南キャンパスで新校舎 18 号館建設前に標準貫入試験や孔内載荷試験を含む地盤調査が実施された。地表から深さ 16(m)までの関東ローム層で，載荷速度の影響を調べるためにこれを変化させる孔内載荷試験を行った。表 7.1 は，深さ 4.5～6.0(m)のロームの土質調査・試験結果である。

表 7.1　土質調査・試験結果

孔　番	深度(m) 上端	深度(m) 下端	w_n (%)	w_L (%)	w_p (%)	S_r (%)	ρ_t (g/cm³)	c_v (cm²/min)	k (m/sec)	N 値	E (MN/m²)
No.17	0	4.5	111	122	70	86	1.40	0.1	6.7×10^{-9}	—	16.5
No.18	4.5	5.5	110	110	62	—	1.32	0.2	2.1×10^{-8}	3	10.5
No.19	5.5	6.0	64	69	44	89	1.44	1.4	6.5×10^{-8}	10	23.9

　No.18 と 19 において，JIS に準拠した孔内載荷試験は，等分布荷重載荷方式である。試験結果から変形係数 E 算定時のポアソン比 v を 0.333 と仮定している。著者らが実施した No.17 は，載荷時間間隔を変化させた。有限要素(FE)圧密解析に用いた透水係数 k は，圧密係数 c_v と体積圧縮係数 m_v から算定した。

7．2　孔内載荷試験と計算結果の比較　　CriKE1.dat

　FE 計算に用いた要素図を図 7.1 示した。図中矢印で示した長さ 1(m)の 3 要素に載荷した。孔内は載荷部を除き排水面とした。孔内載荷試験で得られた変形係数 E を弾性係数として，有限要素法で計算した弾性圧密解析結果と実測値との比較を図 7.2, 7.3 に示した。ボーリング孔と載荷装置間の間隙による載荷当初の変形挙動を計算では再現できないため，仮定した初期補正値 r_0 を両図の計算結果に加えている。

7. 孔内載荷試験の圧密効果

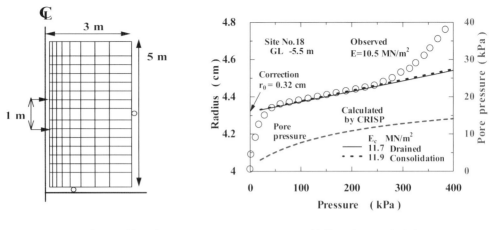

図 7.1　要素図 K 値要素図　　　　　図 7.2　載荷圧力と孔内半径 No.18

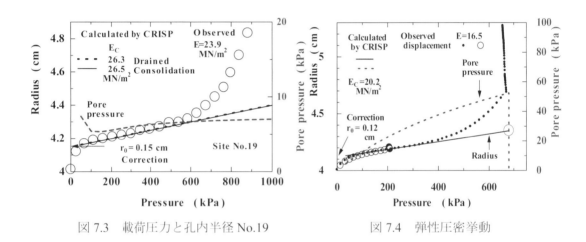

図 7.3　載荷圧力と孔内半径 No.19　　　図 7.4　弾性圧密挙動

　圧密解析結果が実線，透水係数を礫質地盤のように大きくした排水解析結果が点線である。非排水面とした載荷部中央節点の試験中の間隙水圧挙動を両図に破線で示した。両図の比較から，透水係数の小さい No.18 が残留水圧／載荷圧が No.19 より大きい。残留水圧の大小によらず載荷圧〜孔内半径関係は，実測値にほぼ一致している。計算結果から得られる変形係数 E_c（孔内載荷試験の変形係数 E と区別するため計算結果を意味する下付き添え字 "c" を用いた）は，当然のことであるが，計算に用いた弾性係数(=孔内載荷試験の変形係数 E)に一致する筈であるが少し大き目である。

　図 7.4 は，載荷時間間隔を 1 分として所定の載荷段階(210(kPa)と 671(kPa))で 6 時間，圧密による残留水圧減少に伴う孔内半径の増加を調べた結果である。弾性域内と考えられる○印の測定結果に比較し，塑性域の●印の孔内半径の増加は著しく大きい。試験要領に従い弾性域内の孔内半径実測値から求めた変形係数 E=16.5(MN/m^2)の弾性圧密解析結果から求めた E_c は 20.2(MN/m^2)となって，計算に用いたそれより若干大きく図 7.2，7.3 と同じ傾向である。点線が載荷部中央節点の間隙水圧挙動である。載荷圧力の違いもあるが，透水係数が小さいため図 7.2，7.3 に比べ残留水圧が大きい。図 7.4 から明らかなように，6 時間後に載

荷部直下の間隙水圧はほぼゼロになる。しかし，それによる孔内半径の増加は極めて小さく，変形係数 E 値に及ぼす影響は計算されない（図 7.4○印）。弾性係数の大きな地盤で得られる孔内載荷試験の変形係数 E_c 値は，排水条件に影響されないようである。

参考文献

1) 藤山・杉江：複数の FE プログラムによる解析結果の比較と考察，土と基礎，No.571，pp.13-15，2005.

2) CRISP：A.M.Britto & M.J.Gunn："*Critical state soil mechanics via finite elements*" published by Ellis Horwood Limitted in U.K,1987.

3) Roscoe ,K.H. and Burland, J.B. "On the generalized stress strain behavior of wet clay ", Engineering Plasticity , Cambridge University Press , 535-609. 1968.

4) 飯沼・今井・赤石・杉山： 一次元圧密における有効応力経路と塑性ポテンシャル，土木学会論文集，Vol.71，No.2，pp.119-124，2015.

5) Sekiguchi, H. and Ohta, H. : Induced anisotropy and time dependency in clays, Proc. 9thICSMFE,Specialty Session 9,Tokyo,pp.229-237,1977.

6) J.H.Atkinson："*FOUNDATIONS AND SLOPES*"，MacGRAW-HILL,1980.

7) D.R.J. Owen and E. Hinton : "*FINITE ELEMENTS IN PLASTICITY*"，Pineridge Press Ltd.,1980.

8) (社)地盤工学会："弾塑性有限要素法をつかう"地盤技術者のためのＦＥＭシリーズ③，2003.

9) (社)地盤工学会："地盤工学におけるFEM の設計への適用に関する研究委員会　活動成果報告書"，平成 17 年 3 月

10) 赤井浩一,足立紀尚:有効応力よりみた飽和粘土の一次元圧密と強度特性に関する研究，土木学会論文集，No.113，pp.11-27，1965.

11) 赤石勝他："軟弱地盤の長期沈下と有限要素圧密解析入門"，インデックス出版，2017.

12) Ladd, C. C., Foott, R., Ishihara, K., Schlosser, F. & Poulos, H. G." Stress-deformation and strength characteristics", Proc. 9th Int. Conf. on SMFE, Tokyo, 2, 421-494. 1976.

13) Aboshi, H. : " An experimental investigation on the similitude in the consolidation of a soft clay, including the secondary creep settlement", Proc. 8th ICSMFE, Vol.4, No.3, 88-89. 1973.

14) Suklje L. : The analysis of the consolidation process by the Isotaches method, Proc.4th ICSMFE, pp.200-206，1957.

15) 住岡宣博・吉国洋：バーチカルドレーンによる粘土の圧密変形メカニズムに関する実験的研究，土木学会論文集，No.463，Ⅲ-22，pp.125-132，1993.

16) 土質工学会：土質調査法，9 章載荷試験，pp.360-370，1972.

17) 平田昌史他：超軟弱地盤における道路盛土の変形挙動要因とその抑制対策，土木学会論文集 C,Vol.66,No.2,pp.356-369,2010.

18) 竜田，稲垣，三嶋，藤山，石黒，太田：軟弱地盤上の道路盛土の供用後の長期変形挙動予測と性能設計への応用，土木学会論文集，No.743，Ⅲ-64，pp.173-187，2003.

附録~CRISP の入力データ作成支援~

GENTOP.EXE（プログラムはコマンドプロンプトで実行する。）
CRISP の入力データとして Record H までを作成するプログラムである。
入力データは下図のような三層地盤とする。（samp.gen）

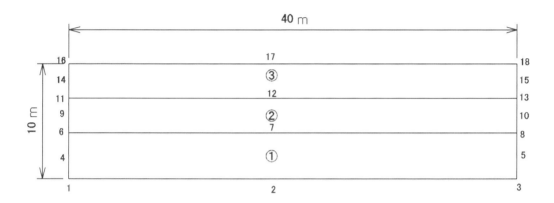

Card Set1: コントロールカード
　1- 5 NPOIN　総節点数
　6-10 NELEM　ブロック数
11-15 NNODE 1 要素あたりの節点数(3,4)
16-20 NDIME　次元数，常に 2 でよい。
20-25 ITYPE CRISP の要素タイプ
三角形は 2or3，四角形は 4or5
Card Set2:
　1- 5 NUMEL　ブロックナンバー
　6-10 LNODS(NUMEL,1) 節点番号(反時計回り)
　　・
　　・
　　・
41-45 LNODS(NUMEL,8) 節点番号
46-50 MATNO(NUMEL) 材料番号
Card Set3: 座標データ
　1-10 節点番号
11-25 x 座標値
26-40 y 座標値
Card Set4(a): 分割データ
　1- 5 KBLOC　ブロック番号
　6-10 NDIVX x 方向分割数

11-15 NDIVY y 方向分割数

Card Set4(b): x 方向分割データ

　1-10 WEITX(1)

　・　もし，分割数が 9 以上の場合はデータを続けること。

　　・

71-80 WEITX(8)

Card Set4(c): y 方向分割データ

　1-10 WEITY(1)

　・　もし，分割数が 9 以上の場合はデータを続けること。

　　・

71-80 WEITY(8)

サンプルデータ（samp.gen）

Card Set1: 18　　3　　3　　2　　2

Card Set2:　　1　　1　　2　　3　　5　　8　　7　　6　　4　　1

　　〃　　　　2　　6　　7　　8　　10　　13　　12　　11　　9　　2

　　〃　　　　3　　11　　12　　13　　15　　18　　17　　16　　14　　3

Card Set3:　　　1　　0.0　　　　　　0.0

　　〃　　2　　20.0　　　　　　0.0

　　〃　　3　　40.0　　　　　　0.0

　　〃　　4　　0.0　　　　　　2.0

　　〃　　5　　40.0　　　　　　2.0

　　〃　　6　　0.0　　　　　　4.0

　　〃　　7　　20.0　　　　　　4.0

　　〃　　8　　40.0　　　　　　4.0

　　〃　　9　　0.0　　　　　　5.5

　　〃　　10　　40.0　　　　　　5.5

　　〃　　11　　0.0　　　　　　7.0

　　〃　　12　　20.0　　　　　　7.0

　　〃　　13　　40.0　　　　　　7.0

　　〃　　14　　0.0　　　　　　8.5

　　〃　　15　　40.0　　　　　　8.5

　　〃　　16　　0.0　　　　　　10.0

　　〃　　17　　20.0　　　　　　10.0

　　〃　　18　　40.0　　　　　　10.0

Card Set4(a):　　1　　10　　2

Card Set4(b):　　2.0　　　　2.0　　　　2.0　　　　2.0　　　　3.0　　　　4.0　　　　6.0　　6.0

Card Set4(b):	6.0	7.0						
Card Set4(c):	2.0	2.0						
Card Set4(a):	2	10	2					
Card Set4(b):	2.0	2.0	2.0	2.0	3.0	4.0	6.0	6.0
Card Set4(b):	6.0	7.0						
Card Set4(c):	1.5	1.5						
Card Set4(a):	3	10	3					
Card Set4(b):	2.0	2.0	2.0	2.0	3.0	4.0	6.0	6.0
Card Set4(b):	6.0	7.0						
Card Set4(c):	1.0	1.0	1.0					

計算結果は節点数 88，要素数 140 となる。
このファイルを CRISP で計算すると ".dis" というファイルが出力される。

要素図，変位図作成プログラム：
WRTDXF.EXE（プログラムはコマンドプロンプトで実行する。）
ここで前項でできた ".dis" ファイル（材料データや拘束条件，荷重などが入力されていないファイル）を WRTXDXF で計算すると AutoCAD のデータ交換ファイルである ".DXF" が出力される。
それをフリーソフトの Jw_cad で読み込むと下記の要素図ができる。（AutoCAD では読み込めない）

要素図

さらに RECORD K 以降のデータを追加して CRISP で計算すると WRTDXF で変位図を描くことができる。

変位図

Jw_cad による描画の確認

Jw_cad を起動する。
ファイル→DXF ファイルを開くでファイルをオープンする。
全体を表示するには設定→画面倍率・文字表示で用紙全体表示をクリックする。
マウスの右ボタンを 1 秒以上押して少し上に動かすと拡大、下は縮小となる。
レイヤーは右図の 8，9，A,,B,,C を使っている。
レイヤー8：隅節点番号
レイヤー9：中間節点番号
レイヤーA：要素番号
レイヤーB：要素図
レイヤーC：変位図
レイヤーの上をクリックすることで表示・非表示の切り替えをする。
レイヤーの上端の赤線が右はテキストで左は図形である。

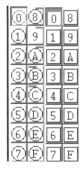

参考：
Jw_cad の URL
Jw_cad のダウンロード：http://www.Jw_cad.net/download.htm
基本コマンド：http://fu-s.wakwak.info/jww_kihon_com/01_07.html
Jw_cad の教科書：http://Jw_cad.eijingu.com/reiya43.html
Jw_cad の使い方：http://www.g-hokuto.jp/Jw_cad/jw004021.html

以上

あとがき

　最近は入力条件さえわかれば，FEM で誰でも計算ができる時代かもしれないが，地盤工学の分野で弾塑性有限要素圧密解析を利用する場合，計算結果が実際と大きく異なることが少なくない。その対応に FE プログラムと古典的弾塑性モデル，カムクレイに対する十分な理解が必要と考える。しかし，1987 年に出版されて 30 年以上経過した CRISP Ver.1.0 は，利用しにくい点が多い。少しでも容易に利用できるよう，下記資料を HP からダウンロード可能とした。

　1）　CRISP 入力データと出力.docx ：本書で解説した計算例の dat ファイル
　2）　CRISP 入力データ作成支援.docx ：入力データの解説
　3）　SUBROUTINE　OUTA (～以下略：CRISP 末尾に張り付ける。)

　計算結果を列ベクトルで出力した dat ファイルをそのまま図化・利用できる出力専用サブルーチン & CRISP の SUBROUTINE　UPOUT(～以下略　下記位置で SUB を呼び出す。)

　CALL　OUTA(～以下略)
　CALL　UPOUT2(～以下略)

<u>向後　隆道 (CRISP 有限要素解析　データ集) の **HP：http://park15.wakwak.com/~crisp/**</u>

書籍のご案内

■エクセル　ナビシリーズ　構造力学公式例題集

【定価】¥2,520　（¥2,400（本体価格）＋税）【ページ数】300【サイズ】A5
【付録】プログラムダウンロード可

　構造力学は、建設工学や機械工学にとって必要不可欠なものです。しかしながら、構造や荷重および支持条件によっては計算が煩雑になり業務の負担になる場合も多々あります。梁・ラーメン・アーチなどの構造について、多様な荷重・支持条件の例を挙げ、その「反力」「断面力」「たわみ」「たわみ角」等の公式を紹介し、汎用性のあるExcelプログラムにより解答を得られるようになっています。（梁については「せん断力図」「曲げモーメント図」「たわみ図」を自動作成します）

1　単径間梁　単純支持梁 ／ 片持ち梁 ／ 一端固定他端単純支持梁 ／ 両端固定梁 ／ 張出し梁
2　弾性床上の梁　有限長の梁 ／ 無限長の梁 ／ 半無限長の梁
3　ラーメン　2ヒンジ門形ラーメン ／ 固定門形ラーメン ／ π形ラーメン ／ 箱形ラーメン
4　アーチ　2ヒンジ円弧アーチ ／ 固定円弧アーチ

http://www.index-press.co.jp/books/excel/ex-nv04.htm

■エクセル　ナビシリーズ　地盤材料の試験・調査入門

【定価】¥1,890　（¥1,800（本体価格）＋税）【ページ数】270【サイズ】A5
【付録】プログラムダウンロード可

　地盤材料試験や地盤調査法を地盤工学の内容に関連付けて、その目的、試験手順や結果整理上の計算式を丁寧に説明しています。試験結果をまとめるデータシートは、規準化されたものと同じ書式のExcelファイルのデータシートにより整理・図化できます。

1　土粒子の密度試験 ／ 2　土の含水比試験 ／ 3　土の粒度試験 ／ 4　土の液性限界・塑性限界試験 ／ 5　突固めによる土の締固め試験 ／ 6　CBR試験 ／ 7　透水試験 ／ 8　土の圧密試験 ／ 9　土の一面せん断試験 ／ 10　土の一軸圧縮試験 ／ 11　土の三軸試験 ／ 12　地盤調査 ／ 13　植物の生育に関連する試験法 ／ 付録　ダイヤルゲージ ／ 力計 ／ ロードセル

http://www.index-press.co.jp/books/excel/ex-nv03.htm

■エクセル　ナビシリーズ　地盤工学入門

【定価】¥1,680　（¥1,600（本体価格）＋税）【ページ数】200【サイズ】A5
【付録】プログラムダウンロード可

　地盤工学の入門書と問題集としての役割を兼ね備え、学生や初級建設技術者のための独学書として、そして公務員試験対策としても最適です．

1　土の状態を表す基本量 ／ 2　土の透水性 ／ 3　有効応力 ／ 4　土の圧密 ／ 5　土のせん断強さ ／ 6　土圧 ／ 7　斜面の安定 ／ 付録　差分法の基礎 ／ アドインの登録 ／ ソルバーの使い方

http://www.index-press.co.jp/books/excel/ex-nv02.htm

■エクセル ナビシリーズ 構造力学入門

【定価】¥2,520 (¥2,400(本体価格)+税)【ページ数】200【サイズ】A5
【付録】プログラムダウンロード可

　　　構造力学は,設計・施工実務において必須分野であり,パソコンを利用することによっ
　　て,業務の効率化につながりやすい分野です.本書は,基礎的な構造力学を解説したう
　　えで,エクセルの表計算および付属している VBA をフルに活用し,実務に役立てら
　　れるように,それぞれの解説,例題に沿ったプログラムを提供しています.

1　部材に働く力と断面の性質 ／ 2　部材に生じる応力 ／ 3　単純梁の構造力学 ／ 4　片持ち梁の構造力学 ／ 5　張出し梁の構造力学 ／ 6　不静定構造2次元ラーメン計算プログラム ／ 7　トラス構造2次元トラス計算プログラム ／ 8　プログラムリスト

http://www.index-press.co.jp/books/excel/ex-nv01.htm

■エクセル ナビシリーズ シビルエンジニアリング入門

【定価】¥1,890 (¥1,800(本体価格)+税)【ページ数】172【サイズ】A5
【付録】プログラムダウンロード可

　　　本書は、シビルエンジニアリングで扱う構造力学・地盤工学・水理・測量・上下水道・
　　施工管理の分野から、エクセルの活用が特に有用な表計算ソフトを多数とりあげまし
　　た。現場で活躍する技術者の方々に執筆していただき、貴重なノウハウを盛り込んだ
　　解説や、実務に活用できる例題が満載です。

1　構造力学 ／ 2　土質・地盤 ／ 3　水理 ／ 4　測量 ／ 5　上下水道 ／ 6　施工管理

http://www.index-press.co.jp/books/excel/ex-nv05.htm

■エクセル ナビシリーズ 数値計算入門

【定価】¥2,100 (¥2,000(本体価格)+税)【ページ数】288【サイズ】A5
【付録】プログラムダウンロード可

　　　数値計算は科学技術を支える大きな柱であり、コンピュータによる大規模な数値計算
　　なしには現代の科学技術はありえなかったといっても過言ではありません。数値計算
　　法の基礎部分がほとんど網羅され、わかりやすさを第一に考えた解説と実際のプログ
　　ラムも示されエクセルにて実行可能になっています。さまざまな数値計算法を駆使し
　　た、高精度・高速なプログラミングのためにも大変役立つ内容です。

1　非線形方程式の根 ／ 2　連立1次方程式の解法 ／ 3　固有値 ／ 4　関数の近似 ／ 5　数値微分と数値積分 ／ 6　フーリエ変換 ／ 7　常微分方程式 ／ 8　偏微分方程式

http://www.index-press.co.jp/books/excel/ex-nv06.htm

it's CAD では
骨組解析、弾性解析の FEM コマンド
がフリーコマンドとして標準で装備されています。

ライセンスの販売はインデックス出版が行います。
https://www.index-press.co.jp/

建設 CALS/EC 対応　ＪＷキャドデータにも対応！
図面の電子納品における標準ファイルとして扱われる SXF に対応、また、普及率の高い JW キャドのデータの読み込ができます。

フリーの専用コマンド　多数！
一般的な作図機能に加え、専用コマンドによる拡張を無償にてご提供しております。

測量コマンド（トラバース、クロソイド、面積計測など）

配筋コマンド（鉄筋配置、鉄筋加工図、鉄筋数量表など）

機械コマンド（寸法公差記入、面取寸法など）

建築コマンド（包絡処理、日影図、線記号変形など）

it's CAD MAX3 価格表

商　　　　品	価格(円)
１ライセンス	8,000 + 税
１ライセンス（DVD-R 付）	10,000 + 税
５ライセンス	30,000 + 税
２０ライセンス	112,000 + 税
５０ライセンス	260,000 + 税
１００ライセンス	480,000 + 税
２００ライセンス	880,000 + 税
アカデミックライセンス	0
【官公庁向け】２０ライセンス	80,000 + 税
【官公庁向け】無制限ライセンス	200,000 + 税

【電子書籍版】エクセル有限要素法入門 構造解析編

【価格】¥3,200（本体価格）+ 税
【付録】プログラムダウンロード可（2次元弾性解析）

はじめにより抜粋

有限要素法は、もともと構造学の分野から発達し、構造力学や構造工学の多くの問題に適用され威力を発揮してきました。一方、有限要素法は偏微分方程式の近似解法としても用いることができ、しかも近似解法として数々の利点も持っています。多くの自然現象が偏微分方程式を用いて記述できることからも分かるように、有限要素法は物理や工学の分野では欠かすことのできない道具となっています。本書は、有限要素法の基本が理解し、また工学的諸問題を有限要素法を用いて解くことができるようになることを目指しています。

目次
1. 連立一次方程式の解法
2. マトリックス法
3. 有限要素法による弾性力学の静的問題の解法
4. 補足（有限要素法と差分法）

【電子書籍版】エクセル有限要素法入門 骨組構造解析編

【価格】¥4,800（本体価格）+ 税
【付録】プログラムダウンロード可（2次元トラス、2次元ラーメン、3次元ラーメン解析）

はじめにより抜粋

骨組構造の解析では構造内に選定された「節点」と呼ばれる点における力と変位によって，その構造の応力や変形の状態を記述することが，有効かつ便利なことが多い．節点は普通部材端または接合点に設定される．このなかで，柱や梁とかいった構造体の構成部分としての構造要素の概念が導入される．このような個々の要素の特性を用いて構造物の数学的モデルを構成し，それらの式を総合して解くことにより構造物全体の特性を表現できる．個々の構成要素から構造物を組み立てる過程においては幾何学な適合条件を満足しなければならないし，さらに力学的な釣り合い条件をも満足しなければならない．

目次
1. マトリックス法
2. 2次元トラス構造解析
3. 2次元ラーメン構造解析
4. 2次元骨組構造解析
5. 3次元骨組構造解析

本書の第一の目的は有限要素法をわかりやすく解説しプログラムを実際に作って，解説と合わせて見ること，及び実際に使ってみることにより，有限要素法を理解することである．第二の目的は,実用的な2次元及び3次元の骨組解析プログラムを提供することにある．それは，第一の目的と同様，そのソースリストを見ることにより一層，有限要素法の考え方や利用法を学ぶの他，さらに実用的な例題を解くことにより力学的な挙動が，実感として理解できるようになる．これはさらに物理的，数学的な理解を深めることにもつながる．本プログラムは有限要素法の学習のみならず,実務にも十分使えるものである．ソースコードをすべて公開しており，またホームページから随時ダウンロードすることができるので，修正や追加して，機能の強化や仕事に合わせてカスタマイズしていくことが可能である．

編　著　赤石 勝（東海大学名誉教授，新日本開発工業(株)　顧問）

共　著　向後隆道（(株)ミカミ・アイエヌジー　顧問）
　　　　白子博明（(株)CPC　取締役）
　　　　前田浩之助（新日本開発工業(株)　社長）
　　　　仲俣 浩（新日本開発工業(株)　専務）
　　　　杉山太宏（東海大学　教授）
　　　　飯沼孝一（(株)オオバ　専門課長）
　　　　岩田尚親（開発虎ノ門コンサルタント(株)　課長代理）
　　　　今井誉人（小野田ケミコ(株)　主査）
　　　　吉富隆弘（東海大学大学院）
　　　　池谷真希（東海大学大学院）
　　　　Hong Pisith（東海大学大学院）

有限要素解析プログラム CRISP 計算例
（ゆうげんようそかいせき　くりすぶ　けいさんれい）

2019 年 6 月 20 日　第 1 刷発行

編　著　赤石 勝
共　著　向後隆道，白子博明，前田浩之助，仲俣 浩，杉山太宏，飯沼孝一
　　　　岩田尚親，今井誉人，吉富隆弘，池谷真希，Hong Pisith
発行者　田中壽美
発行所　インデックス出版
　　　　　　mail：info@index-press.co.jp
　　　　　　〒191-0032　東京都日野市三沢 1-34-15
　　　　　　TEL (042)595-9102
　　　　　　FAX (042)595-9103

Printed in Japan　ISBN978-4-901092-97-5

インデックス出版
https://www.index-press.co.jp/